好懂好用的认知神经心理学

发现

每天一分钟生活心理学

孙欣羊（Dr. Daniel Sun） 著

上海社会科学院出版社
SHANGHAI ACADEMY OF SOCIAL SCIENCES PRESS

目 录
Contents

自序

1月 Jan 自我觉察 1—42

2月 Feb 情绪奥秘 43—78

3月 Mar 认知趣谈 79—118

4月 Apr 行为塑造 119—158

5月 May 亲密关系 159—198

6月 Jun 亲子教育 199—242

7月 Jul 人际关系 243—282

8月 Aug 神经科学 283—324

9月 Sep 心理障碍 325—368

10月 Oct 社会心理 369—410

11月 Nov 社会热点 411—450

12月 Dec 人生议题 451—488

结语 | 鸣谢

自　序

生活处处有心理学，只是我们没有意识到。

认知神经心理学（cognitive neuropsychology）是通过神经科学解释生活场景中渗透出来的认知原理、情绪原理和行为原理。通过认知神经科学的解释，我们可以更加明白自己为什么会有这样的情绪反应，为什么会有这样的想法，以及为什么会有这样的行为模式。当我们了解了这些背后的原理，就有机会去打破不合理、不适应、不认同的模式，进而建立新的模式。

本书以一年365天每天一篇的形式组织行文，是为了让大家可以每天定量吸收小剂量的知识，且每月都有特定的主题聚焦，让行文内容更加具有针对性和应用性。每篇小短文主要是以生活场景为背景,很多短文都像是日常对话,但在对话之后,一般会有专业解释和说明,作为参考。如果对话本身就已经足够发人深省了,那么就不需要再做解释说明。

行文风格基本回避了僵硬的说教风格,也尽量避免直抒己见,因为每件事都可以从不同视角来看待,并没有标准答案,只有参考答案。

希望这本书可以成为你生活的参考书,带来提醒和觉察,让自己更好,也让生活更好。

孙欣羊

2024 年 5 月 23 日

1 月

JANUARY

自我觉察

1月1日
你怕挠自己痒痒吗

如果你的闺蜜或好友想让你做一件事你不肯，他们想"屈打成招"又不能真的打你，就想到要施行"酷刑"挠痒痒，对你身上各处要害进行出其不意的攻击，让你防不胜防。你大脑里的防御机制马力全开，身上每根汗毛都竖起来，全力以赴防御外来攻击。

可就算用尽浑身解数也招架不住挠痒痒的攻击，在狂笑不止中终于意识到笑也是一种痛苦，遂屈痒就范。

被人挠痒痒如此难以忍受，尤其是浑身痒痒肉的朋友们。

可是，你是否试过挠自己痒痒？你会怕挠自己痒痒吗？

很显然，你不怕，不管你认为自己痒痒肉有多少，你都不怕挠自己痒痒。是不是很奇怪？为何自己施加的痒痒要比别人施加的痒痒更容易耐受呢？

那是因为神经系统在指挥自己的手开始计划和实施挠痒痒这个动作的时候，自己的大脑对此了然于心，而且在挠痒痒的手、手指乃至指尖移动的每一刻，大脑的本体感觉都在精确计算手的位置。与此同时，手指即将落点部位的皮肤也开始进行最精确有效的调整和防御，以至于当手指落在皮肤上的时刻，毫无意外可言，完全可以承受。

如果是别人实施挠痒痒的动作，我们被动承受这个动作时，所有的动作都是意外的且不可预测到精准部位。加之，挠痒痒的感受本身在大脑神经系统的记忆中登记了难受无比的历史记录，那么在无法充分准备且受到出其不意的挠痒痒攻击时，就会放大痛苦感受。

如果是这样，**在面临不可避免的痛苦时，主动施加要比被动承受好受的话，你是否有足够的预见性和果敢来施加给自己痛苦以规避更大的痛苦呢？**比如，从鸡肋般亲密关系中果断分手。

1月2日
不喜欢那个时候的自己

"你怎么都没什么朋友呢？从小到大这么多同学，就没有玩得来的吗？"

"唉，别提了！小学同学？那时候我太幼稚，什么都不懂！初中同学？那时候我学习又不好，长得又丑，还不懂打扮，有一次我穿一件很土的衣服被全班同学嘲笑，到现在我还记忆犹新。高中同学？我休学一年多，谁还能记得我呢？而且我曾经向一位高中女同学表白被拒绝了，我哪还有脸联系他们呢！唉，难道我就要一辈子孤独终老吗?！大学同学？别提了。我的大学同学现在不是主任，就是院长，还有自己创业当老板的，个个都身价千万、过亿。同学聚会，我总是恨不得找个地缝钻进去。"

没朋友可能不是因为没朋友，而是因为不喜欢那时候的自己，无法面对自己。

1月3日

逃避自己影子的招数

自己的影子可以逃掉吗?

站在太阳正下方,让影子看不见?

躲在树影或乌云下,遮挡自己的影子?

还是等到阴天再出来,走到哪里都没有影子?

我们在无意识中逃避的影子就是由过去发出,至今都如影随形的情感负担或心理负担。

总是天真地以为可以逃开像影子一样的痛苦,可每次都失败。

既然逃不过,那就带着走吧!

影子并不重,只是颜色有点暗!

谁不是负伤前行!

1月4日
丢钱之后电影还看吗

有个心理学实验是这样的：假设一部你期待已久的电影终于上映了！票价有点贵，要100元一张，但你也咬咬牙买了。

在去电影院的路上发生了两种情况，第一种情况是你花100元在网上买的电影票丢了，第二种情况是你丢了100元现金，哪种情况你更有可能再花100元购票观影呢？

这个心理学实验的结果是：丢100元现金的情况下更有可能再次花钱购票观影。

这个结果的解释是：丢电影票，心理上的反应就是我已经为电影付了100元钱的代价，如果再付100元的代价就有点不值了；丢100元现金，心理上的反应可能是丢钱很心疼，但这不是看电影的代价，反而恰恰是要再花钱看场电影来平复一下我丢钱的失落心情。

这就是**不合理的心理账户**在作祟！

1月5日

怀疑与相信，哪种更有力量

考试日还有一个月就要到了。

甲："唉，我估计自己这次要'挂'了。"

乙："嗯，我觉得自己这次应该没问题。"

有人说怀疑一切才有打破一切的力量。

有人说相信之后才能看见，相信更有力量。

甲："反正都要挂，算了，不复习了。"

乙："虽然应该没问题，但还有一些知识点没掌握，这个月要好好复习。"

其实，不管是怀疑还是相信，如果只停留在想法层面，没有实际行动带来的体验，那恐怕都无法带来真正的力量。

甲："虽然十有八九要挂，但哪怕只有一点希望也要争取一下，接下来这个月每天早晨早起一点好好复习复习。"

乙:"应该没问题,所以这个月不用那么认真,可以安排出去旅游啦。"

真正的力量来自将想法付诸实践的体验过程。在体验中通过自我反馈复盘,不断调整想法和策略,再体验,从如此反复的过程中获得实践出真知的力量。

1月6日
知道更多到底好不好

"我之前也没有觉得自己的性格有什么问题,现在学了心理学之后觉得自己有一大堆问题,改也改不过来!"

"本来没觉得我的原生家庭有什么问题,可是经过心理医生的分析,好像我的父母有一大堆问题,我现在的抑郁、焦虑都是他们带给我的,我现在更难受了,因为我知道了也根本改变不了什么。"

"之前觉得养孩子有什么难的，能养大就行了吧，现在学了育儿知识才知道，之前很多教育方法都不对，可能已经给孩子造成了很大的负面影响。唉，我太难了！"

有人有这样的困扰，是因为在残酷的真相面前显得无能为力。

有人没有这样的困扰，是因为**在知道真相之后，有了针对性的方向和策略，并付诸行动。**

"幸亏学了心理学，让我知道了自己性格的问题，现在看来已经到了有缺陷的地步，这样我就可以有针对性地寻找改善的方法，以免这种性格伤人伤己。"

"我终于知道自己焦虑、抑郁的原因了。虽然父母带给了我很多不好的影响，但改变的责任仍然在我自己身上，我得想办法找到出路。"

"我终于明白孩子和我关系不好了，因为我过去很多说法和做法伤害了他。现在我知道了，就不会再继续伤害他，又可以找到修复的方法，更可喜的是最近不断学习改变，不但改善了和孩子的关系，更让自己有很大的成长。"

1月7日

用次好的代替上好的

人生中每一时刻都在做选择。

做任何一个选择都意味着放弃了其他选择。其他选项中的最高价值就是你这次选择的机会成本。

在每次选择中，不知不觉用次好的代替上好的，是因为不知道自己的机会成本有多高。

想要知道自己的机会成本有多高，就需要体验高价值过程。

和一个具有启发性的导师进行一次改变一生的谈话。

用全部身心体会一下做某件事时天人合一的心流

体验。

用尽全部心力完成一次你从未想象过的挑战。

体验一次因之前一直害怕而不敢尝试的活动,克服恐惧。

用克难制胜的生活经验帮助一位初出茅庐者走出困境。

这些高价值体验过程会让你真正理解自己的机会成本有多大,你就不再愿意用次好的代替上好的来亏待你宝贵的生命。

1月8日

人人都有死穴

据说在荷马史诗中,凡人和仙女相爱,生下儿子阿喀琉斯。

仙女母亲为了让儿子刀枪不入,将其浸入冥河中。但因河水湍急,母亲用手抓住儿子的脚后跟不敢放手。

因此，当阿喀琉斯从河里出来后，浑身上下都刀枪不入，只有脚后跟是凡身肉体，但也不影响他长大后成为盖世英雄。

很不幸，阿喀琉斯在特洛伊战争中，被毒箭射中脚踝而丧命。由此，阿喀琉斯之踵被称为死穴。

从中文意思来说，死穴是指一个人致命的弱点，这个点一旦被攻击，就有可能造成严重的后果甚至丧命。

说到死穴，很多人容易想到那些比较严重的事情，比如成瘾的事情，包括毒品、酒精、性、赌博等。

其实，还有很多隐藏的死穴，比如抑郁症、焦虑症、多动症，还有很多性格的缺陷，比如过度屈从、极端攻击性、嫉妒心、报复心、贪婪、冲动等，都可以造成致命伤。

很多人暂时没有暴露出死穴，不代表没有死穴，而是因为没有遇到可以暴露死穴的环境。

主动探寻死穴以练就对死穴的掌控的说法看似有理，但我们不知道自己是否可以驾驭和掌控，如果不能，后果可能不堪设想。

如果死穴已经找上你，也不要怕，找到与它和平共处的方式，学习对生命的管理和敬畏。

1月9日

写给自己的情书

你曾给人写过情书吗？或许你没有。

你曾给自己写过情书吗？恐怕更没有。

给自己写情书是指以书写的形式向自己表达欣赏，以此达成自我觉察、自我建立、自我悦纳的效果。

自我悦纳和自恋有何区别？

自恋是指无视自己的缺点和不足，盲目认同自己，甚至夸大认同自己，以至于完全掩盖了自己的缺陷，还要期待他人对自己认可；**自我悦纳是指通过欣赏和悦纳自己消除负面情绪，改善基线以下水平受损的功能，让自己达成更好的状态。**

1月10日

可怜的汤姆

晚上,丈夫要去打牌,妻子要去参加舞会。出门前——

丈夫:"老婆,隔壁新来的邻居,男主人叫汤姆,他很讨厌,一副自以为是的嘴脸。"

妻子:"哦,是吗?我还没见过他。"

双方结束自己的活动,都回到家里。

妻子:"老公,你说的没错,那个新邻居汤姆今天也去舞会了,他真的很讨厌,一讲话就自带招人讨厌的语气。"

丈夫(一脸诧异):"老婆,你确定你说的是汤姆吗?他今晚在和我一起打牌。"

你先相信了,再去验证,找到的证据都是为了验证已经相信的结果,这就是证实偏见。

1月11日
我太累了

"我的儿子学习不好,我这个做妈妈的太失败了!"

"我的老公不能赚钱,我看人的眼光太差了,怎么会嫁给他!"

"我的好几份工作都不顺利,我找工作的运气太差了!"

"我今天乘地铁快被挤扁了,我怎么这么倒霉!"

"我怎么就没有有钱的父母,让我可以躺平!"

"我太累了。"

人之所以会累往往是因为在大脑前后台有意识无意识都在做自我评价。

任何一件消极的事,都可以跟自己扯上关系,从而对自己产生负面评价。

这些负面自我评价最耗能。

停止这些负面的自我评价就可以轻松起来!

1月

1月12日

当年勇,也要提

每个人都有过高光时刻。

不管是小学二年级获得游泳比赛冠军站在领奖台上的时刻,

还是初中一年级获得演讲比赛冠军的殊荣时刻,

抑或是高中三年级获得全国科技竞技大赛二等奖,从而获得名牌大学保送名额的高光时刻。

即便没有以上所说的高光时刻,每个人总有通过努力克难制胜的小成就和小喜悦。

不管是花了三个小时终于组装成功的玩具坦克,
还是花了五个小时终于完成上百块的乐高拼装,
抑或是花了几天终于完成一幅绘画佳作。

这些通过努力达成目标的时刻都可以是高光时刻。
这些时刻都在记忆里留下了一条神经通路,只要激活这些神经通路，让它再次释放电信号和化学信号，你就可以再次体会那种克难制胜的强大干劲，找到勇气克服当下的困难。

1月13日

我一定能做到

面对一项任务，不同年龄的人会有不同的反应。

五岁孩子："我一定能做到。"

结果发现，做到了30%。

八岁孩子："我一定能做到。"

结果发现，做到了40%。

十二岁孩子："我一定能做到。"

结果发现，做到了50%。

十八岁成人："我一定能做到。"

结果发现，做到了60%。

二十八岁成人："我应该能做到。"

1月

结果发现,做到了 70%。

三十八岁成人:"我试试看吧。"

结果发现,做到了 80%。

四十八岁成人:"我不一定能行。"

结果发现,做到了 90%。

五十八岁成人:"这件事说不好。"

结果发现,做到了 100%。

六十八岁成人:"人生有什么事是一定的呢?"

1月14日

在不完美的世界追求完美

学生:"老师,你再给我几分钟,我就可以把答题卡涂完了。"

监考老师:"孩子,考试时间到了。"

画家:"老张,你再给我几天时间,我就可以让这幅画更完美了。"

画展负责人:"哎哟,老李,明天画展就要开幕了,哪还有几天时间给你啊!"

参赛选手:"这次比赛不公平,你们大赛的评比规则有问题。"

大赛评委:"评比规则是有改进的空间,但没有规则是完美的。你需要接受这个结果。"

被告:"这个判决不公平,我要上诉。"

法官:"很抱歉,你已经上诉过了,这是终审判决。"

这个不完美的世界到处都是不公平、不公正、不完美。

可是,完美是否真的存在?

如果完美不存在,追求完美就变成了一个伪命题,而**耐受不完美**就变成了极为重要的功课。

1月15日

你的内心是否有"雌雄大盗"

每个人的内心都会有自我评价。

自我评价会有两个极端，一个是过高评价，一个过低评价。这两个极端就像是雌雄大盗。

过高的自我评价与现实不符，人早晚会遭遇无法面对"自己没么好"这个现实带来的**认知失调**。

过低的自我评价不断带来负能量，人逐渐失去面对困难的勇气和力量，造成内心失衡，进而**失去动力**，无法做事情。

如此"雌雄大盗"侵占内心多年，不除掉它们，后患无穷。

1月16日

如何描述你最想要的自己

你想要的自己是什么样子？

身材高大健硕，样貌不凡，还是其貌不扬却内心稳健。

满腹学识，才高八斗，还是学识平平却内心丰盈。

高效专注，向着既定目标，全力以赴，还是徘徊驻足，享受路边风景。

与人交流，谈笑风生，左右逢源，八面玲珑，还是可以安静地享受独处，岁月静好。

或许你已有想要的样子，却不曾笃定追寻。

或许你从来都不知道自己想要的样子。

1月17日

失去面对自己的勇气

"我很久没有照镜子了。"

"忽然有一天，有个重要场合，需要着正装，看着镜子中的自己，我一下子哭了。"

"不知道为什么。"

"我好像不想面对镜子中的自己。"

"也不知道是不想，还是不敢。"

发现自己的不足和弱点，会不喜欢自己。

发现自己的龌龊和丑恶，会讨厌自己。

讨厌自己，就会回避自己。

忽然有一天，偶然间面对自己时，才发现，那个印象中的美好自己已经面目全非。

1月18日
我破产了

"我破产了！"

绝望、借酒消愁、想过死……

但总有一种内心的力量支撑着自己，直到几年后东山再起。

"我破产了！"

绝望、借酒消愁、想过死……

一旦自杀的想法入了心，就再也拔不出来，直到几个月后自杀身亡。

人在承受外在刺激时表现出不同的反应是因为不同的内在应对机制。

真正让人崩溃的不是外在刺激，而是看内在反应中是否涉及压力承受能力的超限、内在动力机制的破坏、对未来是否还存有盼望、对自己是否存有信心以及对自己过往一直所执和所是的一切是否产生了根本性的动摇。

简言之，是否精神破产。

问题是：**如何保持自己精神的力量，不破产？**

1月19日

我不曾拥有我自己

你是否真的拥有自己？还是谁的傀儡？在过谁的生活？

如果你觉得你拥有自己，那么你是谁？你如何看待自己？你如何看待你的人生？

你对你的人生有怎样的想法？你是否可以自主地实施你的想法，自主地掌管你的人生？

你是否可以觉察到自己从小到大有意识无意识受到的父母或重要他人的影响，并用自己后天发展出来的认知系统判断这种影响是好是坏、是自己想要的还是不想要的，甚至可以用自己学习的方法有效改变那些不好的或自己不想要的影响，进而成为一个真正想要的自己？

拥有自己是指对自己的思想、情绪和行为具有主控权，可以按照自己的意志支配自己，即便思想、情绪和行为并不完美，但重点是自己主控的，而不是在无形中被其他人、事、物所支配或影响。

1月20日

留恋毛病

"吸烟确实不好，我戒。"

"喝酒确实不好,我改。"

"说人闲话确实不好,我不说了。"

"太胖确实不健康,我少吃点。"

明知是毛病,口口声声说我改、我改、我改,但就一直无法改变。

明知需要改变或提升,却一直无法摆脱原来的样子。这到底是为什么呢?

除了懒惰、拖延、执行力差、找不到方法改变、觉得后果不严重等因素之外,还有一个很隐匿的原因,就是心里留恋着这个毛病。

这个毛病在以一种微妙的形式带给你某种你不想放弃的好处,让你留恋着。

比如,一直没有放弃吸烟,是因为吸烟是工作压力之下唯一的一点自主空间;一直没有戒酒,是因为喝酒是无法承受压力时有效的放松方式,是因为留恋着酒前畅聊、酒中微醺、酒后无忧的感觉;一直没有放弃说人闲话,是因为说闲话的时候仿佛觉得自己还有那么一点点比他人强的点,而这一点点的优越感可以很好地支撑自己脆弱的自我；一直没有锻炼健身，是因为留恋着想吃就吃、想喝就喝的享受。

1月21日
你想知道自己的极限吗

看到这个题目，你的反应可能是：

A."是的，我想。"
B."我干吗要知道自己的极限，好好活着不好吗？"

如果你的反应是后者，可以直接跳过这页。

如果你的反应是前者，可以想想为何想要知道自己的极限？

极限是另一种人生风景，是另一种自我体验，是另一种心态和境界。

在不断突破自己、不断探索潜力，进而达成某个领域极限的过程中，你在不断塑造一个全新的自己。

这种塑造过程带有极大的主动性和主控性，反馈性作用于自我认知，从而对人生有了不一样的觉察和领悟。

1月22日

独处的力量

"唉，一个人太无聊了，谁来陪我玩呢？"

"放假了，快联络联络小伙伴们，看他们有什么活动安排，我去凑热闹。"

"我可不想去美国，美国文化里的人情太淡薄了，不适合我这种人来疯。"

独处是一种和自我相处的状态。

独处时，可以更好地与自己相连。

与自己的认知想法相连，与自己的情绪感受相连，与自己内心深处的需要相连。

通常状态下，要么我们没有和自己相连，要么是模糊相连，连了也不知道。

将无意识状态下的相连转换成有意识状态下的相连，就会产生力量。

这就是独处的力量。

1月23日

人的大脑早就学会了自动驾驶

"啊？怎么会是这样呢？我还以为是那样呢！"

"啊？你怎么会这么想呢？我根本不是这个意思啊！"

"唉！事情怎么会发展到这个地步呢？这根本不是我想要的啊！"

按理来说，人的外在行为往往是为了达成某种内在动机。

可问题是，一个人外在的行为和内在的动机不一定匹配。这是因为很多人无法正确思考并通过认知驱动行为进而达成目标。

大脑处理信息的方式常常是模糊化处理,即大脑加工各种信息之后,给出一个结果,就是要做这件事或那件事。这时,我们的身体就会去执行这件事或那件事。

可当做完事情问自己"我为什么要做这件事""这件事真的那么必要吗""这件事的性价比高吗""这件事真的可以达成我的目标吗",答案都是不确定的。

身体会机械跟从大脑的模糊意志做事情,不会把动机这个议题拿到大脑前台来用理性和认知好好查验一下,也就是说大脑常常都是自动驾驶状态。

1月24日

高估成功和低估失败

"我一定会成功的!"

1月

"天啊！这要是失败了，我的一生都毁了。"

"我们一定会天长地久地幸福下去的！"

"如果没有你，我一定活不下去。"

大部分人会高估自己获得成功的能力，却低估自己承受失败的能力。

这到底是为什么呢？

一想到成功，大脑就会分泌很多化学物质，让人感到兴奋和喜悦。这些化学物质会让理性思维受到影响，以至于人会误认为"成功近在咫尺"。

一想到失败，大脑也会分泌很多化学物质，让人感到沮丧和痛苦。这些化学物质同样会让理性思维受到影响，以至于人会误认为"这么痛苦的事件我无法承受"。

不管是高估成功的能力还是低估承受失败的能力，都是因为相应的情绪反应阻碍了理性思维。

其实，成功没那么容易，失败也没那么可怕。

1月25日

你愿意认错吗

"我为什么要认错,我根本没错啊!"
"错了也不认,凭什么要认!"
"我死都不会认错的!"

对任何人来说,承认错误都是不容易甚至很难的事,因为承认错误需要面对错误的后果,更需要面对犯错误的自己。

有时候面对后果也没那么可怕,却因为承认错误会连带着使人误认为错误本身好像界定了我们是怎样的人,以至于会因为认错产生一种整个人的羞耻感,称之为"由事及人"思维。

如果在内心认定说,**"这件事就是这件事,不代表我这个人"**,那么认错就会变得容易。

1月26日

你真谦逊吗

"没有没有,我也不行的。"

"不是不是,我也就瞎折腾。"

"别这么说别这么说,我就是下了点笨功夫而已。"

这些表达听上去很谦逊,但其实说这些话的人可能心里觉得:"那当然,可不是嘛""你才知道我这么厉害吗""算你慧眼识英雄",有一种舍我其谁的骄傲。

骑士精神的八大美德之首就是谦逊。可是到底什么才是谦逊?

谦逊不是表面上虚假地否定自己,而**是在肯定自己的同时知道自己所做的事不算什么**,没什么了不起。

1月27日

你还依赖他人吗

"爸爸,你帮我穿衣服。"

"妈妈,你帮我写作业。"

"爷爷,你给我做饭。"

"奶奶,你陪我睡觉。"

"我英语实在不行,你带带我学英语吧。"

"我健身总是坚持不了,你跟我一起健身吧,督促一下我。"

"老公,你帮我跟老板说说,别让我加班了。"

"老婆,你跟邻居说说晚上十点以后不要再打鼓了,孩子都睡觉了。"

"爸妈,我和我老婆都要上班,你们过来帮我们带孩子吧!"

"爸妈,我们买房子钱不够,你们把养老钱拿出来给我们凑凑房款吧!"

在每个生命阶段，我们都需要依赖身边的人帮助，做我们做不了的事。

发展心理学认为，独立性和环境适应能力是人心理发展成熟的重要标志。

在有所依赖转向习惯性依赖的过程中，大脑思维会渐渐丧失自己独立解决问题的思考方式。

依赖这件事非常微妙的点在于，它会毫无觉察地将人从主动面对转为被动面对，且被动面对的好处会像温水一样煮着你，直到你被煮到无力跳出锅。

1月28日

你的内外一致吗

不断用高要求对待自己的学习，十二年学习之后终于考入大学，走进大学体会完全不一样的学习环境和学习节奏之后问自己："我为什么要追求全A呢？我好像从小就习惯了。可我并不想要那么努力甚至把全部时间精力都放在学习上只为了全 A 啊。"

无限迁就闺蜜伙伴的平时互动和假期出游，不管对方说什么、做什么，自己好像都会不自觉地附和，甚至在某一个偶然的时刻稍微表达了一点自己不一样的想法后，就被冷落了几天，内心极为不安地赶紧买了礼物，主动且含蓄地求和之后，身心疲惫地问自己："我为什么感觉心好累？"

满脸堆笑面对领导的工作安排，苦心经营工作中的人际关系，周末、假期、过年加班来锻造自己的职场优越性，心想等年底跟领导提升职，做总监后就不用这么辛苦了，可如愿以偿后，发现以同样的方式面对总经理，下意识问自己："这真是我想要的工作吗？"

每个人的内心感受和外在行为都存在一定程度的不一致。

可能是从小到大被灌输和内化的一种反应机制和模式，可能是受特定文化中约定俗成的框架辖制，可能是性格、人格中不敢突破自己、不敢冒天下之大不韪的内在恐惧感，还可能是从来都没有觉察到这种内外不一致，就更无从谈起改变。

内外不一致的张力会逐渐增加，直到某个不经意的瞬间爆炸，情绪崩溃。

在崩溃时，最遗憾的就是，自己也一脸蒙，根本不知道自己到底怎么了。

1月29日

你敢暴露你的软弱吗

"我和人交流一直都不敢表达不同意见，就算自己再怎么不认同，都不敢表达。"

"其实，我有个缺点，就是有时候控制不住会发很大的脾气，你看我平时挺温和的，其实脾气很大。这么多年一直想改，总改不了。"

"我有一个秘密，我从来没有和人讲过，就是我从小就被亲生父母抛弃了，我是个孤儿。"

有人说：如果你可以在他人面前暴露自己的软弱，就说明你真的坚强和勇敢了。

个人深表怀疑！

如果暴露软弱对自己来说是非常艰难的事情，平时很少暴露自己的软弱，但终于遇到可以信任的人可以袒露心声，暴露软弱，那么对于这样的人来说，暴露软弱的确是勇敢的突破。

但对有些人来说，他们总是要找人倾诉，总是要暴露自己的软弱，以期得到关注和安慰。这对他们来说一点都不困难，反倒是不让他们说才是困难，那么对于这样的人来说，暴露软弱恐怕就不是坚强和勇敢的表现，而可能是不坚强不勇敢的表现。

"哎呀，你说我老公怎么就不懂我的想法和需要呢，我跟他说了这么多次，表达了这么多年，他就是get不到我的点。"

"唉，我太难了，我的两个孩子都是让人操心的主儿。老大注意力不集中，写作业要不停提醒，不停催促，不停打骂才行，老二动不动就哭，太矫情了。我可咋办呢！"

"我这个工作离家太远了，来回要两个小时，还总加班，老板还不近人情，我真想换个工作。可是，现在大环境不好，换工作也不好找。关键是，我今年都已经换了三个工作了！"

1月30日

你有自我效能感吗

"这件事我做过，可以的，应该问题不大。"

"这件事虽然没做过，但类似的事情做过，效果还不错，这次也应该搞得定。"

"这件事我做过，但效果很不好，我估计这次也不行。"

"这件事我做过很多次，都失败了，我再也不想做了，这对我来说太难了。"

自我效能感是指面对具体任务时，自我评估自己是否可以胜任或达成目标的水平。

认为自己可以，效能感就高；认为自己不行，效能感就低。

自我效能感很大程度上取决于过往经历，认知上是否觉得自己的努力有成效。

我努力了，也看到了努力的成效，哪怕不一定达成期待的结果，但至少看到了努力的成效，那么在大脑神经系统里就会建立努力和努力成效之间的逻辑认知。这种逻辑认知奠定了自我效能感的基础。

反之，我努力了，却看不到成效，就会觉得努力也没用，自我效能感就会低。

人生不如意事十之八九，不一定努力都会有结果，但这里的关键点在于：**在没有达成预期结果时，是否可以看到成效的积极点，进而带来对自己努力成效的肯定，提升自我效能感。**

1月31日
我需要整容吗

一位女士本来对自己的容貌挺满意的。

直到有一天,有位闺蜜不经意间说了一句:"你不笑的时候,嘴巴挺好看的。"

这句话深深戳中了女士的心,心里翻江倒海地思考这句话:"不笑的时候好看,那就是笑的时候不好看""莫非我笑的时候嘴巴咧得太大了""莫非笑的时候牙龈漏出来太多了""莫非笑的时候暴露我的牙齿不齐"……

经过几天挣扎,决定去做整形,把嘴巴弄小点。

弄好之后再见闺蜜,闺蜜看着她弄小的嘴巴,诧异地说,"你怎么把嘴巴弄成这样了,我还觉得你开怀大笑的时候最有感染力了呢!"

每个人内心都有一个平衡感,任何因素打破这种平衡感之后,因需要重建平衡而有的趋向性就会产生行为驱动力。

人在主观上可以感受到驱动力,却对**驱动力背后的内心失衡**不一定有觉察。

同时,在认知层面,能否**找到行为与重建平衡之间的精准匹配**,也不一定。

内心对容貌的平衡感被闺蜜一句话打破,重建平衡可以是去整形,也可以是去重建自己内心对自己容貌的认知。对于哪种方式能更有效地重建平衡,我们常常选错。

2月

FEBRUARY

情绪奥秘

2月1日

情绪穿越

"我也不知道为什么,当我看到你对我那样吼,我一下子就失控了,好像内心有一种力量直把我往阳台窗外推,想跳楼。"

"每次你控制不住对孩子发脾气,把东西摔在桌子上重一点,我就受不了,我的心好像被翻面了一样难受。"

"每当你说我没用,我就无法控制自己的愤怒,想打人。"

情绪穿越是指过去发生的一件事带来的强烈情绪,可快乐可悲伤,可愤怒可亢奋,**在当下类似场景下穿越到今天此时发作出来**,以至于对当下的事情的反应在旁人甚至在自己看来都是过度反应,觉得没必要,又控制不住。

情绪穿越可强可弱,几乎每天都在发生,只是弱的情绪穿越没有表现出来，觉察不到。

　　大脑将过去一件事的一些元素，尤其是情绪元素打包记录在记忆里。时过境迁，再次经历类似事件时，当下事件的元素和过去事件的元素发生匹配，就会把过去事件的情绪激活，带回到当下事件中，这就是情绪穿越的原理。

　　这种穿越悄无声息，无形中影响了你处理当下事件的方式，或积极或消极。

　　这种无声无息的影响如果不去主动觉察或主动施加控制，我们就成了情绪穿越的俘虏。

　　"原来你那样对我吼时，让我想起了小时候爸爸暴打我，让我痛苦、害怕、想跳楼。"

　　"原来你摔东西在桌子上，让我想起小时候父母吵架摔东西，我内心感到恐惧、愤怒。"

　　"原来你说没用，让我想起前任说我没用，后来出轨。"

2月2日
压抑表达、过度表达、适度表达

"这么多年压抑自己,从现在开始,我不再压抑自己了,我要表达。"

"这段时间不压抑自己,发现有点收不住,每次表达都会歇斯底里,而且很久很久也无法从情绪中走出来。"

"经过矫枉过正的半年,现在我终于有比较平衡的表达了。"

有人会在某个场景下或某段关系中突然出现情绪爆发,自己都觉得意外,不知道为什么会这样,事后也会很自责,觉得自己不应该这样。

经过专业梳理,发现是因为之前有长期压抑感受的经历,直到内在积压的情绪到了阈值,一个特定的场景刺激下就爆发出来了。

由此可见,这种**情绪爆发是一种过度表达,是在过去长期或在某个创伤点上的压抑表达造成的矫枉过**

正的表现。

从专业角度来讲,过度表达是压抑表达之后的必然反应,也是进阶到适度表达阶段的必经之路。

但如果没有专业帮助,恐怕会一直停留在过度表达阶段。

专业帮助是将过度表达的情绪经过释放、转化,转变为适度的情感。

2月3日

情绪对称性

"我在原生家庭受了这么多苦,真是太倒霉了,以后估计也没好日子过。"

"别人从小感受过的爱和快乐,我一点都没有感受过,以后估计也无法感受到。"

"我的情绪都是苦的,从来没有甜过。"

如果说图案具有对称性，大家很容易理解；如果说情绪也有对称性，估计很多人都不太理解。

简单说，**情绪的对称性可以理解为你在多大程度上遭受过痛苦，就在相应程度上有体会快乐的能力。**

是的，快乐也是一种能力。你会发现有些人能够快乐，有些人就是无法快乐。有些人的快乐是流于表面且短暂的，有些人的快乐是深沉而持久的。

又有人疑惑说，我经历了很大的痛苦，为什么我现在还是不快乐呢？

至于至终能否体会到了同等程度的快乐，要看自主开创和人生际遇。

2月4日

"未知"让你兴奋还是恐惧

"这个大学听说像中学一样'鸡血'，学生都是学霸，太可怕了，我以后去了那里估计又是'弱鸡'

一个。"

"都说出国好,可我怎么就高兴不起来了呢。到了国外人生地不熟,语言不通,也没有熟悉的伙伴,更没有中国这么正宗、好吃的食物。唉,想想都觉得折腾个什么劲儿呢。"

"我这么大都还没有结婚,就是因为婚姻对我来说有太大的不确定性。你怎么知道一个你要一起生活一辈子的人会不会晚上不洗澡、早上不刷牙,会不会上厕所不冲水、吃饭只吃外卖,会不会家庭暴力或者过不了多久就出轨了,会不会……"

"未知"让很多人感到兴奋,也让很多人感到恐惧。

一个人对未知的反应是兴奋还是恐惧,取决于过往的直接或间接经历中,未知带给他什么。如果曾经的未知带给他美好的体验,这种体验就会留下对未知的积极神经通路。每次面对未知,这个积极的神经通路就会释放积极的电信号和化学信号,让他重温这种美好积极的体验,那么他的反应就是兴奋。相反,如果过往的体验是不愉快的甚至痛苦的,那么神经通路就是负面的,再次面对未知,反应就是恐惧。

当然,除了过往经验这个主要影响因素以外,还有认知等人格特质因素也会有影响。比如,有人会觉得:"正是因为恐惧,我才要迎难而上"。

好消息是,每种体验都不是不能改变,都可以通过神经可塑性进行改变和重塑。

2月5日

听说打拳击可以宣泄情绪

"有情绪,来打拳击吧,保证你打完之后倍儿爽。"

"你还可以把沙袋当成你厌恶的对象,狠狠地打他,打完就解气了。"

"教练还可以教你怎么打更解气。"

越来越多人明白情绪是不能压抑的,压抑久了会生病,抑郁、焦虑、强迫,哪种病症都不省心。于是就有了各种各样宣泄情绪的方法和做法,打拳击就是其中之一。

通过向拳击袋猛烈攻击来宣泄内心的情绪,看似确实有效。

人类大脑在没有进行专项分辨训练之前,倾向于将类似的场景用同样的方法处理。

在宣泄情绪这件事上,**如果在打拳击袋时,把拳击袋想象成愤怒的对象,那么在大脑中就会形成一种脑回路,即面对让你愤怒的人,就会有用拳头解决问题的倾向或冲动。**

2月6日

为何会乐极生悲

五岁的弟弟和八岁的姐姐在一起玩耍,兴奋大笑。

弟弟:"哈哈哈,你太搞笑了,太好玩啦!"

弟弟笑得都快来不及喘气了。

姐姐:"来啊,你追我啊,你追不上我。"

弟弟边笑边追过去,一把没抓牢姐姐的衣服,被姐姐一转身甩开了,弟弟没站稳,一个趔趄轻倒在地上。姐姐觉得没事,因为平时弟弟这样的摔倒每天都在发生,可没想到弟弟开始哇哇大哭起来。

人在大笑或兴奋时,神经系统被激活到很亢奋的状态。**这种亢奋的神经状态很容易受到当下各种因素的影响,使情绪出现迁移倾向,造成情绪的转换**,由喜转怒、转悲、转哀。

在神经系统的亢奋和敏感状态下,大笑转为大哭只需要"一根稻草"的功夫。

2月7日

情绪打包法

家里有储藏室的朋友知道,一个好的储藏室可以非常有条理地储藏各种各样的物品,有食物、生活用品，还可以储藏好酒。储藏室可以像图书馆一样进行标签分类，储藏物品分门别类，有条不紊。

想象一下，在你的大脑中开辟一个情绪储藏室，专门储藏各种各样的情绪，如何？

储藏室的样子大家都知道，就是一排一排的货架，每个货架上又有一层一层的分隔。每层分隔又有铁架隔断，每个隔断空间中都可以存放货物。

情绪储藏室就是在这样的空间里**存放打包好的情绪**。

在社交场合，你觉察到自己有情绪出现了，当时又不方便处理，将情绪用想象中的纸箱打包起来，再用封条贴上，表明不调用时不准出来。封条标签上标注情绪的名称和程度，如"愤怒情绪–7级"。

打包好之后，就放在储藏室第几排第几层第几隔。

如此具象化打包的情绪就可以安安分分地待在那里，**等到你方便时再随时把情绪调出来进行处理**。

2月8日

××的感觉太好了

"我知道偷东西不对,被抓到有可能会进监狱,名誉扫地,而且我也不差这点钱,可就是没办法,偷东西的感觉太刺激了,我控制不住啊!"

"我知道赌博不好,可过一段时间就好像有一种无形的推力把我推向赌场,一旦进了赌场,坐上赌桌,看见荷官发牌,我就不是我了。"

"我知道我不该偷情,之前我也痛恨出轨的人,不道德,破坏家庭,可是这事儿摊到我身上,好像就不是那么回事了,那种感觉……怎么说呢,鬼使神差似的,让人欲罢不能。"

人的情绪和理性一直在拮抗中。情绪说这很好,理性说这不好。

但当情绪体验美好到无以复加的地步,甚至到了**病理性激情**的地步,理性就无法发挥功用了,甚至本来具备的道德底线都会被冲破,让是非对错和公序良俗变得毫无约束力。

2月9日
克服恐惧最好的方法

"我害怕水，不敢游泳。"

"我害怕高，不敢坐那种商场透明直梯，也不敢挑战任何在高处的游戏活动。"

"我害怕狗，连最温顺亲人的金毛都不敢摸。"

每个人都有自己害怕的对象，想方设法克服恐惧，都没用。自欺欺人地告诉自己："没事的，没事的，其实没那么可怕"，同样无效，只要面对那个恐惧的对象，我们的大脑好像就不听使唤了。

这种大脑不听使唤，其实是因为大脑开始出现**级联反应**，即一旦被恐惧对象刺激，就好像推倒了多米诺骨牌，一个接一个的后果接连出现在脑海里，一个比一个严重，逐渐升级到无法耐受的地步，此时就容易出现惊恐反应。

克服恐惧最好的方法就是关注当下，让大脑神经聚焦在当前可以抓住的要素，而不给神经放大后果的机会，不让神经系统出现级联反应。抓住当下就可以阻止大脑的级联反应。

"在足够浅的浅水区，心理上有理性的安全感，然后让身体泡在水里，让注意力专注在此时此刻水带给身体的感受，让大脑想要开始的级联反应无法开始。就这样泡在水里，直到完全不害怕，反复多次就可以克服浅水区的恐惧。然后逐步进入逐级加深的水区，每次深一点，都给自己足够的时间适应当下的深度，直到可以适应足够深的水区。"

"商场透明电梯只坐到二楼，由信任的人抓住自己的手，不断将即将发生级联反应的大脑拉回到现实的一处场景来聚焦神经，等到不害怕了，再坐到三楼、四楼，以此类推。"

"先看金毛各种可爱的照片，再远距离观看金毛与人各种和谐的互动，再不断拉近距离观看，再到闭上眼睛，请信任的人抓住自己的手触碰金毛身上的毛发，停留几秒钟，直到不害怕，然后睁开眼睛，再次触碰毛发几秒钟，直到不再害怕。"

2月10日
恐惧和痛苦总是抄近路

大脑产生情绪主要是依靠神经细胞释放出来的电信号和化学信号。

那么大脑哪个部位主要负责产生情绪呢？就是杏仁核。

杏仁核如何接受信号进而产生情绪呢？通常通路就是丘脑—大脑皮层—杏仁核。

是否有特殊通路呢？有的，就是丘脑直接作用于杏仁核。

什么情绪会走特殊通路"抄近路"呢？恐惧和痛苦。

为什么**恐惧和痛苦**会走特殊通路呢？因为这两种情绪和生存本能直接相关。

2月11日

不是我想这样的，而是情绪来了，控制不了

"我做事情没什么动力。"

"我太喜欢这份工作了，每天做事都充满了热情和动力。"

"不是我想这样的，而是情绪来了，控制不了。"

我们大部分人知道情绪有一个重要功能，就是信号功能。

信号功能就是通过对情绪的觉察、感知、识别、命名、梳理和表达，发现自己内心的状态，感受内心在传达的信号，感受内在的需要。

其实，情绪还有一个重要的功能，就是驱动功能。

驱动功能就是我们绝大部分的动作行为都是被情绪直接驱动的。开心我们会手舞足蹈，难过我们会流眼泪，热情带动我们从事感兴趣的事物，羞耻带来自残、自杀的冲动。

即便有些时候，你感觉不到情绪在驱动你做某件事，也有可能是情绪在以一种更深沉的情感形式驱动着你，比如，家庭的责任感、国家的荣誉感、自身的成就感等。

所以，**如果你觉得做事没动力，很可能是因为你对这件事没有产生足够的情绪。**

2月12日

这件事都过去那么久了，难道到现在还在影响着我

"没事的，这件事早晚会过去的，过去就好了。"

"这件事已经过去很久了，不会再影响你了。"

2月

"这件事都过去那么久了，难道到现在还在影响着我吗？"

情绪是短暂存在的，一定会过去，因此很多人会误解说情绪很快会过去，不需要管它。但其实，情绪虽然会很快过去，但情绪背后的逻辑、情绪的能量和印记却会留存在神经系统里，留存在神经记忆里。如果不去处理，下次它会以更加猛烈的形式爆发出来，以至于你自己都会吓一跳，问自己"我为什么会这样"。

情绪背后的能量和印记不会凭空消失，而且**会一直影响我们的认知模式、情绪模式和行为模式。**

2月13日

内疚何必羞耻

"高考失利是我这辈子最大的耻辱。"

"当年毕业后没有选择出国是我这辈子最后悔

的事。"

"自从被前任背叛，我对自己的魅力自信大大降低，甚至都不敢再谈恋爱了，总觉得自己不配，搞不定爱情。"

"内疚"和"羞耻"看上去很相似，但实际上有很大的区别。

人在做错事之后感到自责、感到内疚，觉得这件事没做好，自己有责任，需要吸取经验教训，下次改进。这没什么问题，甚至是好事，可以帮助人不断进步和提升。

但如果因为做错事就觉得自己不好，觉得自己不靠谱，觉得自己能力不足，甚至一无是处，觉得很羞耻，这种**自我评价**就上升到了对**整个人自我攻击**的程度，**会严重阻碍自尊、自信的发展，甚至影响自我身份感。**

内疚何必羞耻！

2月14日

承认失去，学会悲伤

"这么多年，我心底一直装着一件事，不敢提及，怕一提就伤心。"

"本以为时间可以疗愈一切，没想到事过境迁，想起来还是会泪流满面。"

"我一直无法面对失去孩子这件事。"

心理学研究认为，心理困境或危机跟"失去"或"失丧"有很大关系。

不管是失去一件珍贵的物品，一个宝贵的机会，一段美好的关系，还是失去一个重要他人，都会让人悲伤不已、情不自禁。

本能想要逃避，谁都不能提这件事。不经意间才发现，**承认失去、学会悲伤才是真正疗愈的开始。**

想要承认失去、学习悲伤的最开始步骤，就是在那种痛苦中多待一秒钟。

2月15日
我的一颗玻璃心

"你也太玻璃心了吧,这么一点小事,你就哭成这样?"

"你太敏感了,这样怎么能行呢,与人交往,谁会总是担待你呢?"

"如果你不把敏感这个毛病改掉,你是无法适应这个社会的!"

在中文语境中,"敏感"这个词常用作贬义,意思是指一个人过度解读别人话里话外的意思,过度解读他人行为背后的原因,且这种过度解读往往是针对自己的负面解读,并因过度解读而使自己受伤,俗称"玻璃心"。其实,**这种敏感的特质中显出来一种优势,就是解读能力**,只不过当一个人对自我的看待尚未建立起积极心态时,所有对他人的解读都变成了对自我的攻击。

当一个人在自我攻击式的固化的自我关注中,是几乎无法对他人共情的。

按照此理，只要这个人把对自我的看待修复到积极状态，已经不再关注他人的一言一行、一举一动是否针对自己时，思路就会打开，对他人的行为解读就有了"敏锐"的优势。这种优势可以应用在很多领域中，做心理咨询师就需要这种敏锐，不加给自己负担的觉察和解读，变成一种对他人的共情能力。

2月16日
宠辱不惊是如何修炼成的

"你这个妆画得没有昨天好看。"
"你今天的表现真是太赞了！"
"书评出来了，褒贬不一啊。"

宠辱可以不惊，是因为宠和辱都是来自外界的评价，而这种外界评价已经不再能够进入一个人的内心，因为这个人的内心已经非常坚定地知道自己是谁，自己是怎样的人，有哪些优点可以发扬光大，有哪些缺点需要努力改进，总体上已经对自己有清楚的理解、接纳和认定。如此，**外界评价丝毫不会影响对自己的评价，就可以宠辱不惊。**

2月17日
我有选择困难症

"我到底要选这个蓝色的包，还是那个紫色的包？"
"我到底要选这个人做我男朋友，还是那个人？"
"我要给孩子选择这个幼儿园，还是那个幼儿园？"

人感到纠结很可能和三种心理逻辑有关：**害怕选错；害怕面对选错的后果；害怕面对选错之后，因为选错而生发的对自己的负面评判。**

"我怎么这么蠢，做这样的选择！"
"我当时一定是眼瞎了，才会跟他结婚！"
"我一定是脑子进水了，送孩子去这个幼儿园！"

2月18日

总觉得胸口有块大石头

"我总觉得胸口有块大石头。"
"我总觉得压抑得喘气都困难。"
"我总觉得提不起精神。"

压抑感常和无力感有关,常常是因为**不能表达自己、不敢表达自己或表达了也无济于事**,努力了也无法改变现状。

2月19日

我怎么也想不明白

"我怎么也想不明白。"
"这件事让我困惑了很久。"
"想不明白我就浑身难受。"

不会思考或不愿思考的人不容易陷入困惑，因为不思考，就没有困惑。

总是困惑，并非不会思考，而是太会思考，但总不满意答案。

既无法满足于现在不能给出答案或能给出的答案，又不相信不久的将来自己能够给出满意的答案，困惑就变成了现在进行时，无法成为过去时或将来时。

2月20日

峰终定律

"那次野营太久远了，我都不太记得了，只记得我们几个人一起在篝火中跳舞，哈哈哈，太好玩了！"

"这次面试我太紧张了，过后什么都不记得了，只记得面试都结束了，我刚要起身离开，主面试官说，他很欣赏我的淡定从容。"

"看美剧《金装律师》我发现他们对话有个特点，就是在对话好像已经结束时，总有个人要说一句'oh, one more thing（哦，还有一件事）'，这是为什么呢？"

当我们回顾一件事，大脑能够提供的对这件事的印象，是对整件事的评估，还是对这件事的一部分的印象呢？

人类大脑对过去事件印象的记忆往往遵循最有效原则，只回顾这件事的高潮和结局。

如果一件事的高潮和结局是好的、是积极的，大脑就会把对这件事的整体印象判定为好的，而忽略这件事过程中可能有的瑕疵。这就是"峰终定律"。

峰终定律的应用范围非常广泛，可以让很多不愉快的细节被高潮和结局掩盖。

同时，峰终定律也有负面效果，就是当一件事没有高潮，结局也不好时，人往往也会忽略过程中的美好。

2月21日

情感触动信念

"你怎么穿这种暴露的衣服了,不是你的风格啊!"

"你怎么也去酒吧这种地方,你之前从来不去的啊!"

"你现在花钱怎么这么大手大脚,不过日子啦!"

"信念"这个词听上去很"认知",好像和情感情绪不相关,实际上非常相关。相关到**强烈的情感情绪可以改变我们的人生观、世界观和价值观**。

假设一个人对生活的信念一直都是规规矩矩甚至是畏首畏尾,可当他受到重大情感冲击,如被出轨、被离婚,他的信念就会发生极大的变化,整个人出现天翻地覆的变化,开始变得无所谓,变得想要体验不一样的生活,变得非常具有冒险精神,变得不再墨守成规或放荡不羁。

很多信念并不是因为看到什么科学证据才改变,

或者说才有深刻的改变，而是因为自身体验过，并且是带有情感情绪地体验过，才会发生深刻的改变。

2月22日
你喜欢看恐怖片吗

你喜欢看恐怖片吗？你看恐怖片时到底是恐惧还是兴奋？

很多人喜欢看恐怖片，更多人不理解为何有人会喜欢看恐怖片。

有些人对危险的场景有种欲罢不能的跃跃欲试之感。

人在恐惧时所带来的大脑皮层高度唤起，让大脑在解读这种唤起时很容易错位理解为是兴奋，因为兴奋和恐惧是大脑皮层上的近位词。危险带来的恐惧感与兴奋感有较多的交叉神经通路，以至于有些人会觉得恐惧感很刺激，伴有兴奋感。危险场景带来对神经的新鲜刺激感也会在无聊时有很大吸引力。如果对危险场景能够挑战成功，也会获得极大成就感。

只要在恐惧中感到适度的安全，或者在恐惧体验中添加一点点佐料或修改一点点元素，都可以让恐惧变成兴奋。有些性偏好的条件反射就是如此形成的。

2月23日
健身房练肌肉为何要竭力

"教练，我实在练不动了，我浑身的肌肉都痛得不得了。"

"为什么每次训练一定要有竭力组呢？"

"想长肌肉就一定要经历这个痛苦吗？"

疼痛或痛苦到底是一种怎样的存在？

就锻炼身体而言，锻炼时，乳酸增加，会感到痛。但如果一感到痛就停下来，而并未达到乳酸阈值，就不容易刺激生长激素分泌，难以借着生长激素的刺激增长肌肉。通过锻炼力竭致使乳酸达到阈值刺激生长激素分泌进而生长肌肉的原理真实反映了**耐受痛苦才能实现变化**的原理，即**越痛越有成长的可能**。这种成长既是身体肌肉的成长，也是心理心态的成长。

只要这种痛对身心有益。

2月24日

是快乐还是欲望

有些人喜欢玩游戏，因为玩游戏让他感到快乐。

有些人喜欢吸烟，因为吸烟让他感到快乐。

有些人喜欢喝酒，因为喝酒让他感到快乐。

有些人喜欢赌博，因为赌博让他感到快乐。

快乐这件事本身有个内在属性，就是较持续且较稳定的情感。

如果快乐是短暂的，甚至是瞬时的，转瞬即逝的，那恐怕已经脱离了快乐的实质，变成了快感、爽感。

快乐背后对应的是需求，快感背后对应的是欲求。

需求被满足会快乐幸福，欲求被满足会有快感、爽感。

快乐幸福相对较稳定持久，快感、爽感相对较短暂，稍纵即逝。

快乐幸福对应的化学物质是内啡肽，快感、爽感对应的化学物质是多巴胺。

内啡肽带来更多的是满足需求的正常行为，多巴胺带来更多的是满足欲求的成瘾行为。

那么想想看，游戏、赌博、吸烟、喝酒这些行为带给我们的是内啡肽更多，还是多巴胺更多？

2月25日

抱怨招来更多烂事

"唉！我怎么这么倒霉！出生在贫穷的家庭，父母没钱。"

"长大了结婚，又嫁了一个没能力的男人，从来不能带给我安全感。"

"生孩子又生了一个熊孩子，到处给我惹麻烦！"

"毕业后做了三份工作，第一份刚做老板调走了，第二份做了几个月公司倒闭了，第三份做了不到半年遇到疫情，到现在都三年了。"

"我相处了三十年的闺蜜最近总是和我对着干，说不定在背后说我什么坏话呢，估计早就背叛我了。"

"我的人生为何如此不堪？这么多烂事都让我摊上了！"

从情绪能量和脑电波角度而言，**我们散发出怎样的情绪能量和脑电频率，就会相应地招致怎样的事件和人际关系**，因为特定的情绪状态和脑电频率会带有趋向动力，在不知不觉中促成相应的结果。

2月26日

奋力射进一个点球或奋力扑出一个点球，哪个更令人兴奋

足球赛场上，如果你不属于任何一边的球队所代表的国家，也没有带任何情感倾向性地观看比赛，那么你觉得，当你看到一名球员努力射门进球成功会更兴奋，还是看到一位守门员奋力扑球成功会更兴奋？

很多人会觉得看进球更兴奋。

球员进球的兴奋点是策略判断和脚下技术，守门员的兴奋点是策略判断和扑球动作。

听上去好像差不多，但区别是进球是主动更多，守球是被动更多。

努力射门进球更像是一个努力达成目标的过程，这种达成目标的成就感会很自然给人带来兴奋感和成就感。奋力扑球更像是一个拦阻的动作，需要有个思维转换的过程才会意识到，其实对守门员也是努力达成目标的过程。

将被动努力转换成主动努力，会带来更多成就感。

2月27日

赌徒的病理性激情

"好久没去赌一把了。"

"你不是上个月刚去过吗？"

"上个月就是好久了嘛！"

"可是我听你说上个月刚输了一百万？"

"是啊，我也知道不应该再去，可我就是控制不住自己啊！"

"为什么就控制不住呢？你明明知道赌博会让你倾家荡产还赌吗？"

"你无法懂得，在赌桌上，别说倾家荡产，就算要赔上命都在所不惜。"

这就是**病理性激情**。

2月28日
不再恐惧

"明天我在全公司做一个演讲,大老板也在。"

"你看上去很淡定嘛。"

"是啊,以前我最怕这种当众演讲了,现在不怕了。"

"自信的你真美!"

每个人都活在某种恐惧中,这种或那种。

面对恐惧,我们的本能反应是回避、跳开或逃跑。

可是,如果每次都是这样,就一直无法克服恐惧。

当有一天,你或主动有意或被动无意地面对了恐惧,发现恐惧的对象也没那么可怕,那么这个恐惧就被克服了。

能够克服的恐惧越多,人的内心越自由。

3月

MARCH

认知趣谈

3月1日

就算那样，那又怎样

很多人做事情没有动力，对未来失去盼望，经常会说：

"就算努力通过考试，那又怎么样？"
"就算考上名牌大学，那又怎么样？"
"就算找到一份好工作，那又怎么样？"
"就算赚了100万元，那又怎么样？"

这些说法暴露了一个逻辑谬误，就是用此时此刻对未来某个努力过后的状态进行静态设想，即用现在的时间切面看待未来某个时间切面的状态，而忽略了从现在到将来的努力过程的体验和由此而发的心态的动态发展变化，这个过程体验就是**用努力克难制胜并达成目标的过程**。

通常来说，这个过程会让人体验成就感和自我效能感的增强。与此同时，心态也会随之发生改变，甚至这个改变的过程要比那个结果都有更重要的意义。

这个**过程体验本身就会让人体会到意义感**。

体会了这个过程之后，认知和心态都随之发生改变。到那时，"那又怎样"就变成了"真的不一样"。

3月2日

克制欲望到底有什么用

这是一个"我现在就要"的时代。

欲望横流，且要马上得到满足。欲望本身的特点之一，是在满足欲望之时的"快感"容不得等待。

这种特点带来的问题和后果之一，是对快感的迫切需要使得延迟满足变得难以耐受。无法耐受延迟满足又会造成人对很多事情变得烦躁不安，情绪不稳，甚至造成主观感受幸福的能力降低。因为感受幸福很重要的因素在于体会需求被满足的过程体验，尤其是追求需求被满足的过程，这个过程越是艰难，需求被满足时的幸福感就越强。

这一点在电影《当幸福来敲门》中有经典诠释。

个人觉得这个电影的中文译名并不能准确传递幸福的秘诀，因为这个译名给人的听感好像幸福是主动来找你的，你只要被动等着它来敲门就好了，但实际上电影中的主人公为了追求幸福付出了艰苦卓绝的代价。电影英文原名是 *The Pursuit of Happiness*，个人认为更好的翻译是"创见幸福"，用自己的主观努力创造和遇见幸福。

从这个意义来讲，**克制欲望是在操练对欲望的管理能力，体会为满足需求而付代价的过程，体验被需求驱动却不被欲求掌控的掌控感**，让身体从分泌多巴胺变成分泌内啡肽，从而带来持续的幸福体验。

3月3日

用悬念破执念

"我就是要选蓝色的，其他什么颜色都不要。"

"我就是要选这一类型的男朋友,其他的都不要。"

"我就是要选活少、钱多、离家近、老板帅气又体谅下属的工作,其他的都不要。"

生活中,我们可能对某种食物、某件事物、某种关系都有执念。

执念是因为我们对其他的选择和可能性没有充分的了解和体验,觉得此生非他／它莫属。

执念可以带来执着的努力,直到达成目标。有些事情、有些人值得我们执着一段岁月,未必是坏事。但执念也可以带来完美主义思维下的不作为,从而被困在执念中。

允许自己体验不同的可能性,执念就变成了悬念。

悬念是指有一种不确定的可能性存在。虽然这种可能性既可能是积极的,也可能是消极的,但总归是一种可选择的状态,相比之下,会比被困在某种执念的痛苦中好一些。

"与其必须要蓝色,不如来个盲盒。"

"这类的男朋友一直没有出现,或许他们根本不存在。我也不用一直卡在这里,该干吗干吗吧!"

"我还是不会放弃对这种工作的念想,但可以先做起一些不那么理想的工作积累一下工作经验,塑造自己的不可替代性,再继续寻觅我的梦中工作。"

3月4日
先知先觉、后知后觉、不知不觉

"哎呀,你怎么能想到这一点呢,我怎么从来没想过还有这样一种可能呢!"

"嗯,时过境迁、物是人非,我到现在才明白,当年她是喜欢过我的。"

"我这该死的预知能力让我如此痛苦,明明知道选择他,我不会幸福,可我就是无法放手。"

关于觉察这件事,有些人先知先觉,有些人是后知后觉,还有些人是不知不觉。

每种觉察的能力和程度都有其优势和劣势。

先知先觉的优势是可以提前预备，早做打算，更好防范，但劣势是如果无法理性有效地处理觉察到的东西，就会有太多烦恼。

后知后觉的优势是烦恼很少，不需要费太多心思，但劣势是常常犯同样的错误，无法改进。

不知不觉的优势是不会体会到任何烦恼，劣势是同样也无法体会到自己或别人的痛苦。

3月5日

你第一秒看到的是什么

"哇哦，这张照片拍得真美，光线很好。"

"这次画展有一幅画让我印象深刻，看第一眼就觉得色彩的运用抓住了我的眼球。"

"天哪，你今天真美，衣服和裙子的颜色搭配很合适，连手包的颜色都搭进来了。"

广告学研究发现,第一秒的视觉效应中,颜色占80%的印象。也就是说,当你第一眼看到任何一个人、一件商品、一个场地的时候,你对这个观察对象的感觉80%受到颜色的影响。

这80%的影响力不仅在第一秒发挥作用,而且在先入为主的认知逻辑中也会影响后续效应。

3月6日

墨菲定律

多数人认为"墨菲定律"就是指怕什么,来什么。

我们可能在一段时间内同时害怕十件事,但只要在这十件事当中有一件事应验了,就可能会生发"怕什么,来什么"这种结论,而将其他没有应验的九件事完全置若罔闻。

其实,大脑很会"欺骗"误导我们。

在十件事中,只有一件事应验了,就会在大脑中产生一种共振现象，强烈的电信号和化学信号就会释放出来，告诉我们说"你看看，我就说嘛，怕什么来什么"，进而强化了这种循环的思维模式。

其实，**墨菲定律的真正含义是：一件事如果有发生坏结果的可能，那就一定会发生。**

这个定义有个前提，就是它是针对某件已经明确的事情上，我们内心如果产生了质疑、担心、焦虑和不确定感，会很大程度上带来负面心理暗示，这种暗示又在很大程度上会影响当事人在这件事上的主观能动性，进而造成**自证性预言**的效果。

3月7日

薛定谔之猫，既死又活

奥地利著名物理学家薛定谔提出了一个思想实验，是将一只猫关在装有少量镭和氰化物的密闭容器里。

镭的衰变存在一个概率。如果镭发生衰变，会触发机关打碎装有氰化物的瓶子，猫就会死；如果镭不发生衰变，猫就存活。

根据量子力学理论，由于放射性的镭处于衰变和没有衰变两种状态的叠加，猫就理应处于"死猫"和"活猫"的叠加状态。

这只既死又活的猫就是所谓的"薛定谔之猫"。

这种既死又活的叠加状态很像人生的很多状态，**很多事情都有两种截然不同的可能性同时存在。**

在不打开容器的情况下，无法知道猫到底是死是活。

那么你是否有勇气打开容器，见证猫是生是死？

3月8日

分期付款打破全或无思维

"今天作业太多了，我根本不想写了。"

"这个工程太浩大而漫长了，我都不知道该从哪开始。"

"这门课拿不到 Ａ 了，我想要全 Ａ 的目标无法实现了，我想要辍学了。"

"全或无思维"是指要么完全，要么全无，没有中间地带。这种全或无思维会让很多事情就持续停留在"无"的不开始状态，或一旦出现瑕疵人就破罐破摔陷入几近放弃的状态。

想要打破这种全或无思维，需要绕过大脑认知审核系统对"全"这个概念的审核，即让"全"这个概念被打破，拆散成多个部分，每部分都可以再成为一个"小全"的概念，这样大脑就可以针对多个"小全"进行工作，然后再把多个"小全"组合在一起成为一个"大全"。

这种方法可以用"分期付款"来描述，即运用人大脑中已有的概念、已有的神经通路，这样大脑认知上就容易接受对"全"的拆分了。所以，**当觉察到全或无思维后，就可以提醒自己"分期付款"，用一种自己熟悉的思路打破全或无思维。**

3月9日
你是如何让后悔的事情反复发生的

"怎么又迟到了呢，上次迟到被老师扣分，那门课差点没及格，这次又迟到了。"

"天哪，我怎么又把孩子锁在车里了呢，太危险了。"

"我怎么又找了个这样的女朋友呢，上次伤得还不够吗？！"

有些人反复发生一些错误，做一些错事，却无法有效规避错误再次发生。

有些人可以从错误或失败中吸取教训，提高下次做事成功的概率。

有些人可以从成功中进行复盘，提高下次再成功或更成功的概率。

这两种方式都离不开"复盘思维"。

复盘思维就是指在经过一个事件之后，回顾这个事件过程，思考如下要素：任务目标、目标背后的动机、为了达成目标所采取的策略和方法、这种策略和方法最终是否达成目标、效果如何、效果好是因为什么、效果不好是因为什么、下次如何改进等。要素还包括在行动过程中，主观情绪感受和认知思维发生了怎样的变化，这些变化如何影响你看待这件事的过程和结果。

通过整条线的复盘思维，就可以将一件事完整回顾，并充分吸取经验。

3月10日

做一件事的方法就是做所有事的方法

刘备临终对诸葛亮说："切记，马谡不可重用。"

职场人事交接："李经理，我们部门有个叫张三的小伙子，人不错，很热情，有干劲，头脑也很灵活，但做事没有常性，容易半途而废。"

面试官内部交流："这位面试者不错，从监控看到她进门时和给她开门的保安说了声'谢谢'，在走廊对倒下的垃圾桶有意识扶起,并将散落的垃圾收起来,这种动作是她在不知道我们正在关注的情况下做出的,能够比较真实地反映出她的人品和作风。"

一个人做一件事的方法可以透露出这个人做事情的思维方式、理解方式、行为方式等,而人的大脑在一件事上体现出来的模式很容易应用在其他事情上,称为"图示原理"。这种分析方法称为"薄片分析法",就像一根香肠,切一片尝一尝,就知道整根香肠的味道了。

提示:这种方法有产生偏见的风险。

3月11日

二分法或中间地带

"孩子不适合现在的学校,赶紧换个学校吧。"

"这个工作不适合我,我要赶紧换个工作。"

"这个婚姻我是受不了了,我想我得离婚了。"

生活中很多场景和事件给人的感觉就是二分法，不是 A 就是 B，没有第三种选择。

不是留在当前学校就是转学；不是留在当前公司继续工作就是换工作；夫妻配偶吵架之后，不是继续忍耐就是离婚。

其实，这些场景都有中间地带。

孩子不适应当前学校，可以寻找不适应的原因，找到原因之后进行调整，然后给他限定期限观察。

工作不合适，可以看看有没有自己可以改进的空间，有没有自己可以学习的地方。

婚姻关系也可以有治疗性分开的尝试，各自处理自己的问题，然后再看是否可以继续生活。

3月12日

民工与富翁

民工在工地搬砖干活，大多是为了生计，养家活口。

富翁换上民工的衣服去工地搬砖干活,不是为了赚钱,而是为了体验生活。

前者是缺乏型动机,后者是成长型动机。

缺乏型动机带出的行为可能会是急切的、惶恐的、不得不的、无奈的、没有安全感和保障的。

成长型动机带出的行为应该是平稳的、从容的、没有勉强的、具有思考的、有深切体会的、带出内在成长的。

那么会不会,富翁带着缺乏性动机不停赚钱,民工也可以带着成长型动机搬砖呢?

3月13日

偶然中的必然

很多偶然事件中都有必然的属性。

英文中有个词叫作"susceptibility",意思是易感性。

易感性本义是指由遗传基础所决定的个体患病风险。

比如,父母患有抑郁症,他们的孩子就具有抑郁症易感性,患抑郁症风险是父母没有抑郁症的孩子的2—4倍。所以如果孩子最终得了抑郁症,看似是偶然事件,但其实基因决定了这个偶然事件中由基因决定的易感成分,易感性使得看似偶然的事件变得不再那么偶然,而是有必然成分。

从这个意义上来理解易感性,如果说一个人具有创业易感性,意思是说这个人的性格特点中有冒险精神、不甘于听从他人命令、善于统筹资源等特点,综合来看就是具有创业易感性;如果说一个人具有癌症易感性,意思是说这个人性格内向、不善表达、情绪压抑、过度负责、敏感纠结,而且具有癌症家族史。

有怎样的易感性,决定了看似偶然中的必然。

3月14日

怀孕之后发现满大街都是孕妇

"怀孕之前没注意,现在怀孕了,怎么感觉满大街都是孕妇。"

"做理发师之前,从来没注意过发际切面,做了理发师之后发现理发过程中发际切面直接影响发型。"

"没做心理咨询师之前,没意识到称呼都可以体现人的心态,现在常常关注他人如何称呼自己,如何称呼他人。"

人类大脑虽然拥有千亿数量级的神经元,具备极为强大的信息处理能力,但在意识层面,在当下时间点上能够专注的事情却是非常少数的几件事,意即在当前状态下,所关注的核心事件就会成为关注中心,而其他事情就是副中心,甚至是关注的边缘地带。

处在关注中心的核心事件在很大程度上塑造当前思维活跃模式,这种思维活跃模式会促成对外界信息吸收的优先次序，凡是符合当前思维活跃模式的信息都将被优先吸收进来。

当一位女性开始怀孕，她的思维世界里将调动很多神经元开始关注和思考怀孕这件事，成为关注中心的核心事件。思维模式围绕怀孕这件事有很多活跃的电信号和化学信号。外界信息中关于怀孕的信息就更容易被捕捉，更容易被吸收，就造成了女性怀孕后看到大街上有很多孕妇，好像是之前没有关注到的。这就是孕妇滤镜。

每个人在任何一个当下，都是带着当下的滤镜在看世界。

3月15日

你有认知缓冲区吗

"看着孩子做作业那个样子，我实在控制不住自己的情绪。"

> "老板一说要裁我,我立马就觉得是老板看不上我。"
>
> "课上听到老师把我的名字念错了,我马上就认为老师在针对我。"

在很多人的认知中都会认为"一件事的发生和我们会做出的反应之间是没有缓冲地带的"。这种认知会带来一种结果,就是认为"我针对一件事会做出怎样的反应,我是无法控制的,改变不了的"。

其实,在刺激事件和当事人做出反应之间,总有**一个认知缓冲区域,可以让一个人冷静下来思考是否只有这一种回应方式,还是说可以换一种方式来回应。**这个认知缓冲区的形成取决于我们是否愿意操练认知觉察、认知评估和认知审核等技能。

> "看着孩子做作业不专心,回想起我小时候也是一样的,我的情绪就会舒缓很多。"
>
> "我意识到,其实老板不是针对我,而是经济大环境不好,整个部门都要裁掉,而且给2N+1的补偿,

已经很够意思了。"

"后来才知道老师的名单上,我的名字打印错了,才导致老师念错我的名字,并非针对我。"

3月16日

地平线其实是弯的

"爸爸,你看,地平线是平的,是直的。"

"宝贝,如果你可以站得够高,看得够远,你会发现,地平线其实是弯的。"

"不是的,爸爸,地平线明明是直的。"

地平线看上去是平直的,但其实它是弯的。

人站在地球上受到视野限制,看到的地平线好像是平直的。但如果人升到空中,视野逐渐开阔,就会越来越发现地平线是弯的。

很多时候,因认知受限,人看到的事物属性和事物的真实属性之间有可能完全不同。这种不同通常称为"误解",有时也称为"错觉"或"偏差",甚至有时被称为"偏见"。

遗憾的是,**我们每天都在自己的"误解""错觉""偏差"和"偏见"中解读这个世界。**

3月17日

你守规矩吗

"这里的规则是不允许这样做的。"

"好吧。可是,规则不就是要被打破的吗?"

有些人的守规思维根深蒂固,可以机械到一个程度,凡是规则都守,而且是默认的行为模式,自动化的思维模式,甚至看到别人不守规矩,自己都会很不舒服。

有些人的破规思维虽然不是常规出现,但经常跳出来，甚至认为规则就是用来被打破的。

守规思维可以规避很多风险，因为规则可以起到保护作用，但一味守规则很难对规则有通透的认识和体会。

破规思维虽多有风险，但却可以获得非凡的体验，获得非凡的人生，甚至可以最终成为规则制定者。

守规有时，打破有时。

3月18日

你怎么总是怪别人

"爸爸都怪你，昨晚你打呼噜震天响，害得我睡不好。"

"妈妈都怪你，害得我早晨上学迟到。"

"老师都怪你，考试题出得那么难，害得我不及格。"

"都怪这该死的鬼天气，害得我们今天输掉了足球比赛。"

"上帝啊,为什么你如此不公平,为什么是我?"

每个人都会犯错误,遭受挫败,遭遇不幸。对此,人会有两种归因方式,分别是外归因和内归因。

外归因是指觉得错误主要是客观因素造成的,或他人因素造成的。

内归因是指觉得错误主要是自己造成的。

显然,外归因会让人觉得轻松,因为错不在自己。但如果觉得错不在自己,都是客观因素造成的,那么就无法通过努力改变什么,达成想要的结果,自然就会觉得无奈和无力,甚至会怨天尤人。

内归因让人觉得错在自己,自然会觉得有压力。一个有心理弹性的人如果不被压垮,那么就会反弹起来,找到犯错的原因,然后积极改正,达成成长的效果。

如果单单是内归因,却无法在归因之后,将归因化为成长的动力,就容易造成内伤。

3月19日
我现在就要

经常听说"我现在就要!"

不管是孩子,还是成人,都想要快速、即时的满足。

这到底有什么问题吗?即时满足的时代破坏了什么?

一个即时满足的时代,塑造了一个"要什么就要马上被满足"的期待。别说不满足,就算是满足得稍微慢一点都不满意。差评。差评。差评。

即时满足的时代破坏了耐心等待的能力,破坏了对时间过程的理解,破坏了对事物发展过程的尊重和欣赏,让人的眼光紧紧盯着效果和结果,并对结果或效果有一个高期待。

一旦没有达到这个高期待,就会引发不满情绪。不满情绪很容易引发负面能量的播散,造成浮躁的氛围,甚至造成关系的破坏。

最重要的是，这种不满情绪会大大降低个人的幸福感。

3月20日

你的心理颜值高吗

"颜值几分？"

"那还用说，起码九分，要脸蛋有脸蛋，要身材有身材。"

"我说的是心理颜值。"

"心理颜值？"

在"颜值即正义"的年代，你的心理颜值有几分？

如果字面意思的颜值是指样貌五官的好看程度，那么"心理颜值"就是心理状态给自己或他人的感觉几何。

好的"心理颜值"是指一个人内在的自洽性和由

内而外透露出来的宜人度。

好的心理颜值既让他人舒服，也让自己舒服。

3月21日

心理弹性空间

"我破产了。"

"天哪，你还好吧？"

"没什么好不好，先活着吧。"

"你可要撑住啊。不为自己，也为家人着想啊。"

"当然，所以我给他们买了意外险。"

"他们最需要的是你。"

人在接收外界刺激时，内心需要不断调适，来适应不断变化的外在环境。

如果外在环境很顺利，内心就很放松。

如果外在环境很有压力和挑战，内心就很紧张。

如果外在环境到了极端程度，内心也会随之出现极端反应。

内心在放松和紧张之间的空间就是心理弹性。

心理弹性大，能够承受外界环境的压力范围就更大。

经历过人生的大起大落，心理弹性就更大，比如，破产、失去至亲等。

大起大落的人生不是每个人都能承受得起，有些人承受不起，就可能因为内心无法调适过来进而崩溃、生病甚至结束生命。

所以，在大起大落之前，有些小起小落，可以像疫苗一样有防疫功效。

3月22日

长得也不美，怎么就那么好看

"你说她长得也不算美，可就是觉得好看，不知为何！"

"五官哪一部分单看都称不上美,放在一起就觉得耐看。"

"跟她在一起就觉得很舒服,怎么看都觉得好看。"

都说如今是"颜值即正义"的年代,没有颜值,无法通行。可总有一些人,谈不上颜值高,却可以遍收爱慕和赞许,因为魅力。

一个有魅力的人在举手投足间散发出淡定、从容、自信、温暖、热情和善良。

"美丽"常常是一种主观感受,魅力可以给美丽加的分数可以大大超过你的想象。

3月23日

我想要见汤姆

一位漂亮的女孩在班级里很受欢迎,很多男生喜欢她。

忽然有一天,消息传来,女孩要转学离开了,男生们都很伤心。

这一走就是一年。

忽然有一天,消息传来,女孩访亲回来待几天。男生们很开心,可是,女孩点名只要见汤姆。

大家都很纳闷,为什么那么多品学兼优的男生她不见,一定要见一位其貌不扬、学习很差、对人也不礼貌友善、平时很喜欢恶作剧的男生汤姆呢?女孩说:Because he makes me laugh(因为他总是能让我笑出来)。

幽默感是一种高级智能,需要一反常态的思维方式,需要不拘一格的逆向思维,需要不落俗套的语言表达,带来出其不意的反差效果。这种出其不意使大脑神经被强烈刺激释放出大量电信号和化学信号,造成幽默效果。

这种幽默效果可以给神经系统留下很深的印记,多年以后都可以生动形象地回想起来。

可惜的是,有些人误以为幽默感就是爱。

3月24日

准确预测会不会离婚

"哎,你听说了吗,小A和她老公离婚了。"

"啊?真的啊?唉,也不奇怪。上次见到他们,看见他们的活动方式,那个表情、那个语气、那个神态,估计也是过不了太久了。"

"什么表情、什么语气、什么神态?"

"我也说不好,就是一种感觉吧。"

研究发现,视频观摩一对夫妻一小时的交流,判断他们以后是否离婚的准确率可达90%。

夫妻关系有四大杀手,即戒备、指责、蔑视和一言不发。如果有这四样,那么离婚的可能性极大。这种分析法叫作**薄片分析法**,是快速认知的方法学,是一种通过极少的关键性经验即可理解事物本质和发展规律的方法。

3月25日
努力所得却不是想要的

"我千方百计讨好他人,本以为获得了他人的认可,我就可以变得自信,没想到,越讨好,越自卑。"

"我尝试过各种各样享受人生的方式,赚钱花钱,喝酒享乐,游山玩水,豪车名宅,享受各种高端服务,不停更换恋人,想要获得快乐,结果发现,一切之中是爽感,一切之后是空虚。"

"我隐居深山老林,与亲朋好友断绝联系,想要让自己在自然中清静下来,本以为这样可以获得内心的安宁,可是,却陷入了更深的抑郁和绝望中。"

所有的故事都涉及想要什么以及如何得到或达成所要。

令人悲哀的是,竭尽所能追求的目标终于实现的时候,蓦然发现,所得却并不是想要的。

人在识别自己的需求和满足需求的方法和路径上会出现偏差,或匹配错误,在相似概念上混淆。这种情况是因为人类大脑的判断因果关系能力和逻辑思维能力有限，同时也是因为人类的很多行为不在大脑的理性思考下进行，而是在大脑后台的无意识中进行。

我要的是自信，却在追求他人的认可。
我要的是快乐，却在追求快感和爽感。
我要的是安宁，却在尝试断联与隐世。

自信需要通过克难制胜的体验获得；快乐需要有被爱和被接纳的关系，以及付出有回报的价值感根基；安宁是在纷繁复杂的世界里训练不为所动。

3月26日

你以为的"习惯"可能是一种麻木

"你老公这么打你，你也能忍？"
"没事，我习惯了。"

"老板这么骂你，你也能受得住？"

"没事，我习惯了。"

"你爸如此羞辱你，你也不反抗？"

"没事，从小就这样。"

人类大脑对很多事情都会变得习惯，习惯之后就不用耗费太多精力在这件事上，可以腾出精力和脑力去处理其他信息。

当我们对负性信息说"习惯"，有两种不同的解读，一个是耐受了，另一个是麻木了。

耐受是指对负性信息有了承受的能力，不受影响，而麻木是指通过降低感受甚至消除感受的方式承受，同样也不再受影响了。

但这两种方式的发生机理显然不同，带来后果也不同。

麻木可以对负性信息无感，同时也对正性信息无感，即无法感受到快乐。

3月27日
为什么有韧性的人也会自杀

"你还记得邻居张三家的孩子吗,我记得那个孩子很有韧性,不达目标誓不罢休,我当时就预言他将来一定能做大事。现在这么多年过去了,不知道他现在怎么样了。"

"你不知道吗?他自杀了。"

"自杀?你说什么?我们之前邻居张三家的孩子,自杀啦?怎么会呢,我记得那个孩子非常努力,非常自律,非常认真,学习也很好啊!"

"是啊,他确实很努力,后来考上了名校,毕业后又考上了美国名牌大学的硕博连读。不过好像在美国读书不太顺利,适应不了,就自杀了。"

韧性既包括达成目标过程中的坚持、毅力、恒心,也包括无法达成目标时的承受力和耐受力。有些人可以做到前者,却做不到后者。越是可以做到前者,越难做到后者。

3月28日
做不到的臣妾有妙招

"你说的道理我都懂,可就是臣妾做不到啊!"

"我也很想动起来,可就是动不起来。"

"你别跟我说大道理了,来点实际有效的方法吧!"

动机式访谈(motivational interviewing)是一种非常特别的心理治疗技术,专门针对想做出改变但动力不足的两难境地。其原理总结来说就是两条线,一条线是帮助你认识到如果不改变的后果是什么,另一条线是帮助你认识到如果改变了会有什么效果。

在两条线的夹击之下,一般都会生发出一些些动力,但仍然可能会在执行过程中遇到困难而中道崩殂。因此,在有了一点动力可以动起来之后,需要跟进的方法是**微目标微习惯的养成法，即每次只做一点点，循序渐进提升。**

3月29日

为何要峰值体验

"你干吗要折磨自己，一天做一千个俯卧撑，你疯了吧！"

"你干吗给自己设定一个月写一本书的目标，写了一本还不够，还要写八本！"

"你干吗要同时学四门语言，不会串味儿吗？"

自我效能感就是认为自己是否能做到某项具体任务的自我评估。认为自己能做到，就表明这件事的自我效能感高。认为自己做不到，就表明这件事的自我效能感低。

一旦在一件事上体验到了自我效能感的峰值，就有了迁移的倾向和可能。

迁移是指在一件事上很有自信，认为自己能做到，希望借着这种信心在自己之前认为很难且做不到的事情上有突破，达成目标，提升效能感，把认为"做不到"转换为认为"做得到"，这就是迁移和转换。

3月30日

他过得好不好跟我有什么关系

"你父母一把年纪了，身体也不好，你有空去看看他们。"

"他们过得好不好，跟我有什么关系！"

"怎么就没关系呢，他们是你的父母啊，生你养你一辈子。"

"生我养我不是他们应该的吗？"

"你这孩子怎么这么没有良心呢！"

"什么是良心？！"

人类大脑的心智化系统的主要工作是帮助我们去

理解他人、**同理他人**、**共情他人**，从对方的角度看待事情，由此可以促进人与人之间的沟通和往来。

心智化系统主要由大脑的背侧前额叶皮质和颞顶联合区来负责，而恰巧这两个部位是镜像神经元聚集的地方。如果这个脑区发育不好，就会出现心智化发展受阻的现象。

遗传因素、环境因素、成长经历、教养方式等都会影响这些脑区的发育，进而影响心智化发展程度。

3月31日

三思若是徒劳，后行也必无果

"这件事你要三思啊！"
"什么是三思？"
"三思就是……"

古话说"三思而后行"，可是如果三思是徒劳的三思，恐怕后行也是无果。

三思可以有不同的理解，其中一种理解是"动机""目标"和"方法"。

人做事情先有动机，动机就是为什么想做这件事，这个动机好不好、对不对、够不够。

有了动机之后，就要有目标，做这件事我要达成什么目标、什么效果、什么期待。

有了目标之后，就要考虑方法，用什么方法做这件事才能达成目标和效果。

有了这样关于动机、目标和方法的三思，就算最终没有达成结果，也奠定了很好的复盘基础，可以调整好再尝试。

4月

APRIL
行为塑造

4月1日

最佳压力水平

"我最近压力太大了,我都快受不了了。"

"你上个月也是这么说的,现在不也挺好。"

"嗨,就是因为上个月到现在一直压力很大,所以才受不了啊!"

"可是,你去年也是这么说的,现在好像也还行吧。"

压力在一定限度内可以转化成动力,驱动人的进步和提升。超过这个限度,就可能成为伤害,不但人不能前进,还有可能受损。

每个人都有**最佳压力水平**,可以将个人潜力水平发挥到极致,又基本不会受损。这个最佳压力水平在每次成功承受住并转化成动力且达成目标后,都会有所提升。问题是我们很多时候并不知道自己的最佳压力水平在哪里。而且,不断提升最佳压力水平的过程中,会不会无意识中受内伤?

想要避免无意识受内伤,就需要定期缓冲、休整,不管自己是否感觉到内伤。

4月2日
一致型思维与区分型思维

"我觉得这两个歌手的风格很像,甚至声线都有相似之处。"

"我倒觉得他们两个虽然外形有点像,但着衣风格相差还是蛮大的,而且他们在走不同的路线,一个是大胆风情路线,一个是邻家女孩路线。"

一致型思维是指对相似事物的觉察,敏锐捕捉这些相似点。这个并不难,因为大脑内置了这个功能。

区分型思维是指对相似事物之间区别的觉察,敏锐捕捉这些区别点。这个有点难,因为大脑似乎没有内置这个功能,需要特别训练才能获得。

如果在大脑一致型思维的基础上,可以训练大脑对相似事物进行区分的能力,就能够既有相似归类,也有区分不同进而细化分类的功能。

两种功能相辅相成,就可以更好认识事物。

4月3日

长期环境中的常规事件与偶然环境中的偶然事件

一个心理学实验是这样的,不知情的被试者在路上捡到一个钱包,里面有钱,也有身份信息,如果被试者想要还给失主,是可以按照钱包里的身份信息找到失主的。第一轮实验中,被试者中有一定比例的人把钱包还给了失主,也有一些人没有还给失主。第二轮实验中,实验者添加了一个新影响因素,就是在钱包里放了一张带有婴儿照片的全家福照片,结果被试者把钱包还给失主的比例大大提高。

你觉得长期环境中的常规事件和偶然环境中的偶然事件两者间，哪个对一个人更有影响力？

长期环境是指稳定存在的环境，如家庭环境、工作环境或生活所在城市的环境。在这些长期环境中规律性出现的事件称为常规事件，比如，父母对孩子的教养方式，学校老师多年的教学风格，工作多年的老板的管理风格。

偶然环境是指偶然情景下暴露的环境，比如，假期出游所去的地方，偶尔出差所到的城市，学校短期交换到国外的目标学校。在这些偶然环境中所发生的偶然事情包括旅游地的风景、风俗、风情，工作出差地合作对象的工作方法、心态和对工作的认知，国外交换学校的学生看待学习、看待考大学的视角，也包括在这一切过程中偶然发生的任何小事件，比如，偶然有一天走在外面在地上捡到的一个钱包，偶然看到的一场电影中的情节，偶尔听到的一场讲座中的一条信息等。

影响力所着力表现的地方可以是当事人的性格形

成或人格特质,也可以体现为在某种情景下做怎样的决定。

从心理学研究来看,**长期环境中的常规事件更会影响一个人的性格特征和人格特点,偶然环境中的偶然事件更会影响一个人在特定场景下的当下决定。**

4月4日
臣妾变女王

很多人常说:"道理都懂,可就是臣妾做不到啊!"

"懂道理"是指在认知层面有了认知基础,接下来就是把认知付诸行动。结果发现行动真难啊!如果多次行动失败,就更难。

再付诸行动之前,要么过去的失败体验告诉我们"没用的""我做不到的""肯定会失败的",要么觉得目标太宏大和困难,就连尝试的勇气都没有。

这些情况都源于自我效能感低。

自我效能感是指面对一项具体任务时，认为自己是否能做到的自我评估。

觉得能做到，就是效能感高；反之，觉得做不到，就是效能感低。

想要提高效能感，需要在小事情上训练掌控感。 小事情做到了，掌控感强了，慢慢就能提升效能感。效能感高了，对之前做不到的事情就有了信心和动力。

话锋也就变成了："之前做不到，现在的我不一样了，可以再试试""现在的臣妾今非昔比，臣妾要当女王了"。

4月5日

越缺少什么就越想证明有什么

朋友圈有人炫富。

其实，真正富有的人已经不再"炫"了，因为已经不再需要用"炫"的方式以及他人的反馈来证明自己"富"了。"炫"是因为在没有"富"的时候,"富"的反面——"穷"在神经系统里留下了很深的印记,这种印记形成强大的失衡感,以至于在刚有点"富"的时候,或刚刚"富"的时候,需要用一种强化的表达方式证明自己,以平衡之前因为"穷"而有的失衡感。

如果"富"还需要"炫",说明还没有摆脱"穷"或"穷的印记"。

4月6日

吓人的大棒子,诱人的胡萝卜

"如果你今晚写不完作业,明天就不要去上学了。"

"如果你今晚可以在十点之前写完作业,或许还可以玩一会儿游戏。"

"如果这次再不晋级,你就要离开世界排名前

50 了。"

"如果这次拿了冠军，你就是中国最年轻的大满贯选手。"

关于激励方式，是吓人的大棒子，还是诱人的胡萝卜，你会怎么选？

吓人的大棒代表威逼，诱人的胡萝卜代表利诱。

不管是威逼，还是利诱，都属于外在激励措施，并不一定触动当事人的内心。

如果是给你一面镜子，让你从镜子看到自己当下的现状，或糟糕、或颓废、或破败、或萧条，是否能够激励你？

如果可以，那说明：一、你并不真正清楚你的现状；二、当你看清楚自己的现状，你无法接受自己如此糟糕；三、你因仍然对自己有要求，会内在产生极大的驱动力要改变现状。这才是内在激励。

当然，如果**内在激励和外在激励同时存在会更有激励效果**。

外在激励终将褪色，内在激励才更持久。

4月7日
发现你身上的稀缺资源

"不要跟别人的强项比较,要找到自己的不可替代性。"
"什么是不可替代性呢?"
"不可替代性来源于你身上的稀缺资源。"

稀缺资源具有独特性和不可替代性,正如独特的你。每个人因独特性,而具有别人没有的资源。这种资源是不是稀缺资源,需要看如何使用它,让这种资源发挥出"稀缺"所独有的能量。

其实,独特的经历和体验也可以是一种稀缺资源。

比如,曾经游历几十个国家,曾体验过不同的风土人情。

比如,曾一年阅读过几百本书,曾一天做1000个俯卧撑。

比如,曾经历抑郁症犹如死荫幽谷般的痛苦,曾经历过重大疾病、破产、离婚、丧亲等。

这些人生经历都是稀缺资源。**如果可以在这些稀缺资源上找到宝贵经验，那就是财富。**

4月8日
心理创伤疫苗

"最近孩子咳嗽太多了，听说百日咳又严重了，你孩子打疫苗了吧。"

"打了打了，幸亏打了，现在不敢不打啊，孩子8岁之前所有疫苗统统打了一遍，那还不放心呢。"

"是啊，现在的病毒真是防不胜防。"

孩子出生之后都会打各种各样的疫苗。

可是，你的孩子是否打过"心理创伤疫苗"呢？

"心理创伤疫苗"是指孩子是否经受过一定程度小剂量的困难、挫败、不如意等负面生活事件或环境，训练他们的心理承受能力，并且这些负面生活事件的严重程度需要随着孩子的年龄增长而增强，这样到他们遭遇"创伤事件"时，就具备了一定的承受能力，而不至于因无法承受而出现严重创伤反应。

4月9日
Pivot 是一种能力

"初心？挺好的，可是当初心被现实打败，还能站起来吗？"

"怎么站起来呢？初心所代表的是所有资源的投入、精力的花费和人心的聚散。"

"这一切都可以通过 Pivot 继续发挥功效。"

"Pivot？是啥？"

Pivot 是指初始目标无法达成时可以围绕初始目标的变通能力。 Pivot 能力越好，变通能力越强，成功可能性越大。

是否可以实现最大化 Pivot 涉及几个关键点：

第一，是否可以及时对初始目标进行能否达成的评断，越果断评估，做出决断，越能抢占先机；

第二，是否可以在初始目标基础上找到一个最切近的目标进行转换，使资源浪费最小化；

第三，如何在转换过程中最大化利用之前初始目标过程中的资源；

第四，如何不让初始目标过程中的模式影响新目标的模式。

4月10日

四肢发达，头脑才发达

头脑简单，四肢发达？

才不是呢！四肢发达，头脑才不简单。

如果一个人的四肢发达不是天生，而是后天练就出来的，那么至少说明从神经生理学、心理学角度来说，他具备一定程度的意志力、坚毅、恒心、决心、自律以及比较好的心理动力机制。这些特质都会带来心理素质的提升，头脑自然不简单。

4月11日

如何有创造性地表达自己

"请你有创造性地介绍一下自己？"

"创造性？介绍自己？什么意思，没懂。"

"有创造性地介绍自己就是抓住自己内在的特性，具有身份感的特点，让人通过这样的介绍可以迅速识别出你是你。"

语言表达能力是很多人的弱项，不知道该如何用准确的语言、合理的架构和巧妙的逻辑表达清楚一个意思。

如果所要表达的对象是自己，那恐怕就更难，因为在表达自己的过程中会触碰到很多关于自己的心理议题，这些议题如果没有经过探索、打破和重建，在表达时就会困难重重。

有创造性地表达自己是指不但知道自己的姓名、性别、身高、体重、出身，还知道自己过往的经历、已有的人生体验、对过去的看待、对未来的畅想，甚至还知道自己在过往的经历中体现出来的性格特点、人格特质、驱力类型、内心深处的伤痛、软弱、痛苦以及这一切历练出来的坚韧、淡定和从容。

在自己明知的所执和所是中，找到一种新的眼光来看待和表达自己。

4月12日
破圈效应

经常听人说要有破圈思维和破圈能力，可总觉得想要破圈好难啊！固化的认知思维造成固化的行为模式，哪那么容易打破呢！

其实，人类的大脑神经在一生的时间里都具备强大的可塑性。

只要你愿意，每天都可以通过做不同的事情达成破圈效应，从而在大脑里建立新的神经通路。

比如，通常习惯用右手做的事情（拿筷子、持物、推门），现在可以改成左手。

比如，每天走的上班路线可以在时间允许情况下，换一条路线体验一下。

比如，之前一直没有尝试过的穿衣风格，可以大胆挑战一下。

据说这种方法可以预防老年痴呆。从更积极的角度而言，这种尝试新事物带来的新的神经通路可以提升觉察、认知和悟性，甚至提升智力。

4月13日

在每种境遇中收获自己

"真后悔这次来爬山，天气这么热，装备又不够，体力更不够,太难受了。"

"虽然是这样,但还是很有收获。"

"我们当初就不该选北美这条路线,我还是更喜欢欧洲小国,德国和荷兰都很好啊。"

"嗯,的确。不过在北美也有不一样的风景和收获。"

"真后悔考研,当初本科的同学毕业后,现在都做总监了,我这个研究生工资还不到人家一半。"

"嗯,研究生三年不短,也很有收获,现在找工作可以发挥优势。"

"你怎么什么事都有收获呢?"

"就是啊,**每种境遇都可以收获自己。**"

4月14日

一只蝴蝶带你走出困境

很多人深陷困境,无法自拔。

家里极其舒适的沙发，一陷就是一晚上；让人欲罢不能的手机短视频，一刷就是一天；青少年迟迟无法兑现的复学计划；总是无法提起的英语单词书；老板一直在催逼甚至下了最后通牒要求完成的年度报表；压满身的赘肉时刻提醒自己花了2万块办的健身卡已经封尘。

听过了家人、导师、医生、咨询师的谆谆教导，仍然轻松一笑："臣妾做不到"。

如果蝴蝶扇动翅膀，就可以产生逐级放大的效应，至终带来风暴，那么困境中的你也可以扇动一下翅膀，看看会发生什么。

如果去健身房大汗淋漓地锻炼身体直到筋疲力尽做不到，是否可以在此时此刻趴在家里的地板上做1个俯卧撑。

如果每天下班回家刷手机短视频3小时，是否可以今天回家告诉自己：我只刷2小时55分钟。

如果3万单词的单词书看上去太厚，是否可以让自己今天先学1个单词。

如果年度报表太难了，是否可以先在桌面建一个文档，命名为"年度报表"。

如果青少年休学在家黑白颠倒、无法复学，是否可以告诉一直凌晨4点才睡的自己，今晚可以稍微早一点，凌晨3点50分就睡。

做到以上事项之后，你有两个后续反应：

1. 轻看以上努力，觉得这个效果微乎其微，否定其效果，然后放弃。

2. **看重哪怕是一点点的努力和进步，让努力和进步的效果在大脑里发酵，然后继续努力。**

4月15日

那些年浪费的健身卡

"今天健身太爽了！办张卡吧，以后每天来健身。"

"好啊，先生，我们这最近推出特惠套餐，只要两万块，就可以享受十年VIP待遇"。

"两万块？十年？我想想，如果我可以一周来三次，一年就可以来150次左右，十年就可以来1500次左右，平均下来，来一次只需要花十块多钱啊，不错不错，很划算，刷卡！"

自从那次办卡之后，就再也没去过健身房。

每次想起自己花了两万块办的健身卡，就暗暗下决心："等忙完这个项目再说""过段时间一定要去健身""马上过年了，过年之后再去吧""最近出差太多太累，再说吧""冬天太冷了，等到明年天暖和了再去吧"。

年复一年，到现在已经快十年了。

在一次偶然的体验中感受到大脑释放的电信号和化学信号，意识到做这件事很爽，很想要再来一次，却忽略了大脑需要建立神经通路，才能稳定驱动行为，即想健身，先健脑。大脑没有形成神经通路，身体自然不会动。

正确的策略应该是先立一个微目标，循序渐进养

成习惯。比如，一天1个俯卧撑，坚持7天后，一天2个俯卧撑，再坚持7天后，一天3个俯卧撑。21天下来大脑就建立了一个习惯的雏形，之后再强化直到三个月90天，让大脑形成神经通路，之后才有可能让健身这件对大脑来说陌生的事变成熟悉的事，再变成规律的事。

这就是**微习惯养成法**。

4月16日
选择一件事做到极致

"锻炼身体这件事虽然很重要，但太无聊了，算了，放弃。"

"我真的认真学习过英语一段时间，后来觉得工作中也用不到，就放弃了。"

"我真的很想养成读书的习惯，看着人家一年读一百本书，真羡慕，我也曾一年读过二十本，后来事情多，就没再继续。"

很多人苦苦寻觅成功之道，希望自己可以像马斯克一样成功，却在浅尝辄止后频繁更换领域，至终一事无成。

但如果可以选择一件事，动用全部精力和资源做到极致，就有了一次极致体验。

过程中带来的自我效能感和方法论都将带你在进入新领域时再次感受极致体验。在一件事上的极致体验带来跨领域的极致体验，多种极致体验带来极致人生。

一个人如果可以在身体锻炼上体验极致状态或心流状态，那么在跨领域应用极致体验时更有可能应用成功。

因为身体锻炼这件事带来的化学反应具有身体和心理的双重效应。

4月17日
开始是你养成习惯,后来是习惯塑造你

"妈,从小到大,你一直跟我讲要养成好习惯,到底好习惯有什么用呢?"

"小时候养成的好习惯可以受益终身。"

养成习惯并不容易,尤其是需要耗费时间、精力去努力做的事情,就更难。

比如,锻炼身体,学习英语,还有坚持写作。

但一旦养成了好的习惯,这个习惯将慢慢塑造你。

坚持锻炼身体的人成为身体健硕、免疫力强的人。坚持学习英语的人成为英语达人,在职场和生活中大放异彩。坚持写作的人成为畅销书作家,甚至写作成为一种生活方式。

4月18日

醍醐灌顶的感悟如何留存

每个人在生命过程中都可能经历过一些这样的时刻，就是在与人交流中、在学习课程中、在某种关系中、在一种经历中，你忽然有一个醍醐灌顶的发现，意识到：天哪，这个想法真的是颠覆我半生的认知，从来没有想过是这样的，如果早意识到这一点，我的人生就不会还是现在这样子了！这就是醍醐灌顶的时刻。

那一刻，觉得好像过去所有的人生都白活了，只有这一刻才好像真正活着或活过来了。

可是，这一刻活着的感觉并没有持续在后续的人生中发挥功效。就算你经历了很多这样的时刻，若干年后，你的生活还是一样，这到底是为什么呢？

有很多颠覆人生认知的重要想法只是被我们一听而过、一想而过，就算当下进入了内心，也没有刻意留存这样的时刻，让它们发挥颠覆人生的效应，否则

我们不会还是现在的样子。

就是因为你并没有通过特殊的方法把这些醍醐灌顶的时刻留存在你的脑海和生活中,而是让它们像指缝中的流沙一样溜走了。

想要留存这些时刻,就需要用各种各样的方式让这些感悟在大脑神经系统里留下深刻的印记, 比如,写感悟日记,将高光时刻的照片放大洗出来摆放在客厅的重要位置,将感悟应用在日常生活中,通过反复应用、反复思考、反复再应用的过程加深印象。

4月19日

应对变化是适应环境的基本功

"怎么换了新老师,我们原来的老师怎么不见了?"

"妈妈,真的要换学校吗,虽然搬家了,离得远了,但我们有校车啊,我还是可以继续留在这个学校啊。"

"我曾经在这个公司工作了12年,后来因为公司架构调整,不得不离开。"

环境在不断发生变化,应对变化是适应环境的基本功。很多心理问题都是因为不适应变化而发生的。

有些变化发生得比较缓慢,如慢性病、亲子关系不和、伴侣感情不和、工作压力大等,有些变化发生得比较急促,如癌症、辍学、分手、失业等。

因此,就有了适应障碍、急性应激障碍、压力型创伤综合征、创伤后应激障碍、复杂性创伤后应激障碍等。

4月20日

要么空想,要么无想

有些人在做事之前,会有很多设想,想要把事情想得通透、想得完全。

迟迟无法做出行动时，被问及为何还不行动，他会说："我怎么行动呢""我已经想出了 N 条方案""方案一的问题是……""方案二的不足是……""方案三的风险是……""方案四的弊端是……"……

有些人在做事之前，什么都不想，拿来就做，鲁莽行事，结果问题百出，且无法从问题中吸取经验教训。

真正的行动派是既有积极的行动，又能够在行动中及时总结经验教训，调整行动方向和策略，直至行动得出成果。

4月21日

借力打力

每个人生活都有压力。

有人被压力压垮，有人借力打力，越活越精彩。

何为"借力打力"？

4月

借力打力是太极拳的一个重要招式或原则，意思是当敌人向你打过来，你不必去承受或回应这个力，而是可以把这个向你而来的力拨开去击打另外一个方向，甚至可以返回到敌人身上。

生活的压力是一种力量，如果实打实地承受压力，恐怕会被压垮。

如果把这种压力拨开，就不会承受那么大压力。

拨开的动作可以理解为是否可以借助这股冲击力或压力去打破之前一直不敢面对的另外一件事情，再借着这股压力激发或爆发内心的动力，起到不破不立的效果，突破原来的限制，突破自己。

"工作压力太大了，我们分手吧，因为你带给我的只有压力，从来都不是支持。我一直不敢提分手，怕你的纠缠给我更大的压力，现在我什么都不怕了，到这份儿上了，我已经没什么可怕的了。分手！"

"老板，这么长时间我的工作表现如何你心里最清楚，如果每次分配工作你都把最难最累的活给我，在发奖金的时候却不会最先想到我，那我觉得我还是早作打算吧。我一直不愿意也不敢跟你撕破脸皮,但现在我觉得你不值得。"

任何一种变化都是一个契机,是一个挖掘自己隐藏能力的契机,这种隐藏的能力在生活没有变化的时候无法显露,恰恰是在生活发生变化使我们不得不探索从来没有过的能力时,才发现原来自己还具有这样一种隐藏的能力。

最高级的适应是生发隐藏的力量。

4月22日

不醉不归

"走,喝两杯去!"

"唉,不去了,上次喝断片了,钱包都丢了。"

"没关系,这次你要是丢钱包,我来付酒钱。咱们不醉不归。"

很多人喜欢喝酒,而且逢喝必醉。

醉着醉着都忘了自己为什么要喝酒,为什么要喝醉。好像朦朦胧胧记得有事不开心,好像朦朦胧胧记得想要一醉方休,好像朦朦胧胧记得越喝越兴奋,最后收不住喝大了。

不管是眷恋喝酒畅聊的兴奋感,还是醉酒之后缓解现实的疼痛感,都好像不是大脑有意识而为之的动作。

喝酒只是习惯动作而已。

4月23日

定时定点做事,还是跟随灵感的浮动做事

每个人做事习惯不同。

有些人喜欢定时定点做同样的事,比如,每天定时起床,定点吃饭,规律锻炼,系统工作,甚至连旅游外出都要有全盘考虑,把攻略做得无微不至。

早晨九点喝咖啡。

中午十二点睡午觉。

晚上七点吃晚饭。

晚上十点睡觉。

有些人喜欢随心所动、天马行空,不让任何框架束缚,想到什么就做什么,没有一定之规,给自己非常强的自由感。

想几点起床就几点起。

想吃饭就吃,不想吃就不吃。

想工作了就疯狂工作。

想旅游了,就来一场说走就走的旅行,什么攻略都不做。

随遇而安,一时兴起睡大马路也不介意。

定时定点做事者的大脑在做事的神经通路上多了一个要素,就是时间要素。他们对时间更敏感,称为时间感强。随心所动的大脑更加具有发散性和创造性。

其实,两种模式并非不可兼容,而是可以在不同事情上转换不同模式来应对。工作可以一丝不苟，游玩可以天马行空。大脑神经可塑性带来的好消息是：**既可以在特定事情上训练时间感，也可以在非特定事情上随心所动。**

4月24日
正确的事情在错误的时机做就变成了错误的事情

"很多人对健身有个盲区，就是不知道拉伸的重要性。"
"拉伸啊，我知道啊，每次健身之前我都拉伸。"
"健身前拉伸须适可而止，健身后拉伸才是重点。"
"为什么呢？我健身后从不拉伸。"
"健身前拉伸不当会提高健身受伤的概率。"

正确的事在错误的时机做就变成了错误的事。

4月25日
到底是要内动力还是外动力

任何人，不管是成年人还是孩子，想要发生改变，都少不了内外两种力量同时发挥作用，进而发生改变，即内动力 + 外动力 / 压力 = 发生改变。

内动力很好理解，想要做一件事的驱动力。

外动力也很好理解，就是做成这件事可以获得奖励。

外压力就是不做这件事会造成的不良后果。

那么当一个人动不起来，究竟是需要给动力还是压力呢？

这取决于当事人内在的状态。

如果内在想改变，但内动力不足，自信心也不足，那么就需要加外动力，给予奖励性刺激。如果内在想改变，而且内动力十足，自信心也足，只是有点拖延，那么就需要加点外压力，预想继续拖延的后果，就可以被推动起来。

如果内在不想改变，但又知道需要改变，那就需要外动力和外压力双管齐下同时作用，怎么也要激发一点点内动力，不然无法持续前进。

4月26日
如何训练语言表达能力

"真羡慕那些语言表达能力好的人，什么场景、什么话题，都能表达得那么精准又精彩！"

"其实你也可以啊，只要多读书，表达能力就可以提升。"

很多时候，**我们说语言表达能力不好，实际上是说找不到恰切的语言来描述外在场景或表达内心想法、感受**。想要找到恰切的语言描述外在场景或表达内心想法、感受，需要大脑即刻找到与之匹配的语言，并通过大脑将语言组织起来，才可以表达。想要即刻找到恰切的语言，就需要大脑在平时通过场景和语言的匹配练习、想法和语言的匹配练习、感受和想法的匹配练习等达成语言和相应对象的条件反射式联结,以至于场景、想法和感受在头脑里产生时,连带着就把匹配的语言呈现出来,稍加组织,即可表达。

想要让这种条件反射式联结丰富地存储在头脑中,**最好的练习方法就是阅读、写作和语言表达**。阅读是将书中已经匹配好的条件反射式联结吸收到头脑中,属于输入过程;写作和语言表达是将条件反射式联结表达出来,属于输出过程。不断地输入和输出过程就强化了这些条件反射,需要时就可以脱口而出。

4月27日

你为什么总是迟到

"你怎么又迟到啦?我都等你快一个小时了。"

"哎哟,真对不起,我没把握好时间,下次一定不迟到。"

"下次？别逗我了。我跟你认识十年了，从开始认识你，你就没准时过。"

有没有见过总是迟到的人。不管时间定在一天当中的哪个时段，总是迟到。

迟到的原因有很多，但有一种解释非常具有普遍性，就是对时间流逝的感知力不足。

人在做事情的时候，尤其是专注做事情的时候，时间感会变弱，弱到感觉不到时间流逝。在你注意到之前，时间已经流逝超过了意识和觉察，错过了约定的时间。

4月28日

做事动机和行动本身哪个更重要

第一个搬砖的人说：我在干活，生存而已。

第二个搬砖的人说：我在干活，自己生存，也是养家糊口。

第三个搬砖的人说：我在干活，自己生存，养家糊口，也是为城市美化做贡献。

第四个搬砖的人说：我在干活，自己生存，养家糊口，更重要的是我在参与埃菲尔铁塔的建设，这座铁塔将成为世界奇观。

第五个搬砖的人说：我在干活，自己生存，养家糊口，也是在参与建造会成为世界奇观的埃菲尔铁塔，但更重要也是最重要的是我在为上天赐给我的能力尽心。

4月29日

你刷手机都在刷什么

几乎每个人都有刷手机的习惯。

刷手机时，你一般会刷什么内容？你刷的更多是和自己有关的，还是和自己无关的内容？

有些人喜欢刷和自己相关的内容，有些人喜欢刷和自己完全不相关的内容。

单纯从是否与自己相关的维度来看，**关注点和自己相关与否往往取决于这件事自我评价好不好。**

如果感觉在某个方面自己做得不错，就更愿意关注，因为不需要防御什么；反之，如果觉得自己做得不好，就不愿意关注，因为不想被戳痛点。

但如果事件涉及自己的生死存亡，那么不管自己做得好不好，都会关注。

4月30日

身体遵循惯性原则

"一天做1000个俯卧撑，这不是扯淡吗！就算有人能做到，我也做不到。"

"我一次顶多做20个俯卧撑，而且刚做10个，就感觉撑不住了。"

"如果强撑做多几个，心脏就会跳得很快，感觉像要死了一样。"

大脑遵循惯性原则,任何动作,只要不是平时习惯的动作,大脑都会发出警戒信号,如果动作消耗很大,就会发出警告信号,告诉自己说:"不要再用力了,你会受不了的,你会没命的。"一接收到警告信号,我们就怕了,不敢动了。

其实,大脑的惯性原则是出于省力的原理,即不做改变是最省力的。

但有些时候,我们又非常需要做出改变,否则可能会有严重后果,比如,肥胖的渐进式加重进程需要打破,否则会威胁身体健康;刷手机无度需要改变,否则会浪费太多时间等。

那么如何既不打破大脑的惯性原则,又可以做出改变呢?就是使用微目标养成法。

微目标养成法就是用做出一个极其微小的改变、让大脑都不能觉察的方法达成一个又一个小目标,绕过大脑的惯性原则,不断累积成一个大的改变。

如果一天只做一个俯卧撑,身体和大脑都不会有意见，因为几乎感觉不到，没有打破惯性原则。但是如果每天做一个，一周后每天做两个，再一周后每天做三个，累积起来就发生了改变。

一旦改变之后，大脑又会适应改变了的自己。

5月

MAY

亲密关系

5月1日

跟老婆道歉的三种方式

结婚纪念日，老婆在家做饭等老公回家。老公在公司临时有事，无法回家吃饭。

"老婆对不起，今晚不回家吃饭了，要开会"

"老婆对不起，今晚不能回家吃饭了，老板临时要开会。我知道今晚是我们结婚纪念日，可是老板让开会，我也不能不去是吧？"

"老婆对不起，今晚不能回家吃饭了，老板要开会。我猜想你一定是用心费心做了一桌子菜等我回家一起庆祝结婚纪念日，我不能回去和你共进晚餐，你应该会很失望！我会尽快找个时间弥补今晚的遗憾。"

5月2日

失恋痛苦吗

"最近失恋了，太痛苦了！"
"有多苦？"
"苦不堪言！"
"既然已经这么苦了，不如以毒攻毒吧！"

很多人失恋之后痛苦不堪，久治不愈。因为无法将眼光和感受从失恋的模式中抽离出来。

一场破釜沉舟的冒险可以强制性占用当前思想空间，让无法自拔的失联思维被打破，正所谓以毒攻毒！

如果说高空跳伞、蹦极、深海游泳、山谷滑翔这些极限运动对你来说太刺激，那么是否可以尝试在众人面前唱歌跳舞，准备一场很想参加却迟迟没有勇气尝试的考试，让完全不能独立的自己到一个完全陌生的城市过一种完全不一样的生活，或许你就会有意外收获。

正所谓借力打力，以毒攻毒！

5月3日

爱与被爱，哪个更幸福

一个男生深爱着一个女生。

他奋力追求了很多年。

女生不为所动。

男生锲而不舍。仿佛追求女生已经成为他生活的一部分，并且这部分强力激活了他的动力，努力工作，拼搏，事业步步高升。

这一切都因为他心中有爱在燃烧。

女生不爱男生，心里感受不到爱，也自然没有爱的动力去改变什么。

终于有一天，女生思前想后意识到岁月不饶人，还是找个靠谱的人嫁了吧。

忽然想起追求自己多年的男生，随机给男生发了一条信息：哎，干吗呢？

发现信息无法发出，对方已拉黑自己。

5月4日

爱与伤害并存

"爱人太痛苦了！"

"是啊，既然爱，就有可能被伤害。"

"那还是不爱了吧！"

"不爱多久？"

"一年！"

爱与被伤害本来就是一体两面，不可分割，因为在爱的同时，也是给予了对方伤害自己的机会。爱是带有风险的，是有代价的。

既然有风险，还要不要爱？

如果你从未被爱伤害过，或许会有初生牛犊的勇敢。

如果已经被爱多次伤害过,是否还有勇气去爱,像从来没有受伤一样。

有些人会存有侥幸心理,觉得这次所寻求的爱不一定会伤害自己,遂亦步亦趋,如履薄冰。后来干脆大无畏地说,让伤害来得更猛烈些吧!

我们常常高估自己爱人的能力,却常常低估自己承受伤害的能力。

5月5日

爱情里的边际效应递减原理

"你不爱我了。"

"何出此言呢?"

"刚结婚那会儿,不管多晚,我想吃米线了,你都会出门去买给我的,现在你不会了;刚结婚那会儿,你每天开车送我上班,接我下班,从来没有抱怨过,现在你会抱怨了;刚结婚那会儿,你从来不会和其他女性单独吃饭，现在居然还偷偷摸摸背着我和其他女人吃饭了。"

何谓边际效应递减原理？我们向往某事物时，情绪投入越多，第一次接触到此事物时情感体验也越为强烈。但是，第二次接触时，会淡一些，第三次，会更淡……以此发展，我们接触该事物的次数越多，我们的情感体验也越为淡漠，一步步趋向乏味。

这种效应在经济学和社会学中很明显，在经济学中叫"边际效益递减律"，在社会学中叫"剥夺与满足命题"，是由霍曼斯提出来的，用标准的学术语言说就是："某人在近期内重复获得相同报酬的次数越多，那么，这一报酬的追加部分对他的价值就越小。"

由此可得，在爱情里，也是一样。

当两个人在一起一段时间后，情感体验一定会越来越淡，除非两个人都有主动经营爱情的意识和行动，才能阻止边际效益递减律。

5月6日

痛苦是因为缺失爱的能力

"这个婚姻太痛苦了,我已经无法忍受了。"

"结婚刚开始时是这么痛苦吗?"

"不是啊,刚结婚那会儿我们俩感情很好,彼此相爱,现在好像已经没有爱了。"

"是的,痛苦是因为缺乏爱的能力。"

很多人认为痛苦是因为得不到升职加薪或得不到帅哥美女,只要我得到了这个或那个我就不痛苦了。其实,就算得到了,可能会开心一时,之后不久,**如果没有学会爱中理性和意志的部分,单靠爱中的激情成分维持,恐怕等激情褪去,就不爱了。不爱就开始痛苦了。**

因此,新观点认为痛苦是因为缺乏爱的能力。

如果一个人有爱的能力,且持续在爱人的状态中,痛苦就会大大减少。

可惜的是,我们缺乏爱的能力的训练和教育。

5月7日
我和他是纯友谊啊

"哪个丈夫能接受自己的妻子还有男闺蜜呢?"

"怎么就不能接受呢,我和他是纯友谊啊。"

"我根本就不相信如此亲密的男女之间会有纯友谊。"

男女之间的友谊可以体现为陪伴、认同、欣赏,甚至是吸引和爱慕。在如此这般的情绪情感基础之上,其实跟性有关的身体反应就只差氛围下的碰撞和激情。

那么是不是纯友谊,就有了客观层面和操作层面的两层界定。**客观层面,难免会在某个瞬间碰撞出火花,但操作层面,可以把这个火花捻灭。**

5月8日

蜜月之后不再蜜

"我跟我老公刚度完蜜月回来,好像就没感觉了。太可怕了!"

"爱情保鲜期本来就那么几个月,没什么大惊小怪的。"

"那可怎么办,我总不能每半年结一次婚吧。"

"怎么不可以,只要你每次结婚的对象都是同一个人就可以啦!"

新婚蜜月之所以"蜜",是因为有大脑的化学反应,有各种激素的加持,让亲密关系如此美好。

但随着激素水平回归正常(必将回归正常),亲密关系感觉起来就没那么美好了。

这时候,有些人就以为是"不爱了"。

其实,人与人之间的关系无法一直靠着激素的化学反应来加持,而是需要主动创造可以发生激素反应的互动过程,这种主动创造的过程就是"经营"。

借此经营过程,从心理理性和情感认知上体会到对彼此的需求和满足。

由此,**既有主动创造带来的激素反应,也有有效经营所带来的认知提升。双管齐下,才能保持亲密关系的新鲜。**

那就每年来一次不一样的蜜月吧。

5月9日

爱的是对方,还是和对方在一起时的自己

"我爱你。"

"你爱我什么?"

"我也说不好,就是喜欢和你在一起的感觉。"

"嗯,原来你是爱和我在一起时的自己。"

5月10日

婚前婚后，同样的特点却从优点变成了缺点

婚前觉得她纤细娇小，婚后觉得她软弱无力。

婚前觉得他稳重明理，婚后觉得他迟钝没情趣。

婚前觉得她善理家务，婚后觉得她太洁癖挑剔。

婚前觉得他善于交际，婚后觉得他交际缺乏边界感。

婚前觉得她善于打扮、让人赏心悦目，婚后觉得她太关注外貌、太能花钱。

婚前觉得他宽广大气不拘小节，婚后觉得他粗枝大叶不够细腻。

同一种特质婚前婚后感觉完全不同，到底是什么变了？

不同场景和角色中，对同一种特质的解读视角发生了变化，解读结果就发生了变化，而且是截然不同的变化。

5月11日
婚姻四大杀手

"你会离婚吗?"

"唉,想离,又不想离。"

"你们两个,每次见面,不是吵架,就是冷战。看彼此的眼神都带着蔑视。"

心理学研究显示,**戒备、指责、蔑视和一言不发是婚姻的四大杀手**。

如果你的婚姻出现了上述四种现象,那恐怕婚姻已经岌岌可危。

在这四种现象中,蔑视恐怕是最大的杀手。

蔑视和厌恶已经是一线之隔的邻居。

厌恶,即很难忍受。

5月12日

谁才是我的如意郎君

"我的如意郎君到底在哪里呢?"

"你这么苦心寻找他,那你知道他到底是什么样的吗?"

"当然知道。他应该是盖世英雄,踩着七彩云彩来迎娶我。哦,不对,那是《大话西游》。他应该是霸道总裁,事业成功,多金帅气,我就做他的小娇妻。哦,不对,霸道总裁总是出轨,外面不知道有多少女人。唉,我这都一把年纪了,估计得找个小鲜肉,大女主宠爱小鲜肉的爱情故事多美啊。哦,不对,那是《欢乐颂》。唉,到底谁才是我的如意郎君呢?"

合适的婚姻伴侣到底是以什么为标准,是外貌条件?是物质条件?是一时的浪漫感觉和吸引?是蜜月期的幸福感?是事业上的相互扶持?是婚姻的安全感和持久性?是更像父亲/母亲的异性?还是绝不要像父亲/母亲?

有人说爱情过了保鲜期就失去吸引力了，长期保鲜是不可能的。这种说法背后暗含着一个前提，就是爱情是否保鲜是非常被动的一件事，是我们无法主动改变的。

如果两个人可以保持一种彼此带动成长的关系，这种成长带来的乐趣和成就感是可以让两个人的亲密关系持续保鲜的。

只不过让人遗憾的是，在亲密关系中，我们的着眼点常常是对方的缺乏，而不是如何带动和帮助对方改变缺点。

5月13日

欲求不满原来是因为它

"真羡慕你，老公那么能干，你就安心做富太太。"

"唉，虽然他能赚钱，可带孩子都是我一个人，根本指不上他。"

"你老公真是社交达人，一次家长会，所有家长都认识了，他走到哪里都是人群中的焦点。"

"唉，他要是在家对我也这么有耐心就好了。"

"没想到你老公这么会带孩子，辅导作业也能父慈子孝。"

"唉，我宁愿他在外面多赚点钱。"

亲密关系中，我们很容易在同一个人身上期待对方可以满足自己所有的需求。

他既要能够在外赚钱养家，又要能够在家与我惺惺相惜，懂柴米油盐。

她既要能够上得厅堂，也要能够下得厨房。

他既要在外面懂得人情世故，也要在家里情感细腻。

她既要能够美丽大方，做贤内助辅佐丈夫事业，又要搞得定孩子所有的问题。

当我们无法在同一个人身上同时被满足所有需求

时，就有可能想要在不同人身上满足这些需求，出轨的念想和风险就产生了。

可是当你认定了另外一个人，又开始在这个人身上寻求所有需求的同时满足，却发现这个人一样无法做到。

这就是我们在亲密关系上的奇特属性，也是内置在亲密关系中的内在属性。

没有完美的关系，只有成长的关系。

5月14日

明明很爱，却说不出来

亲子之间：

"爸妈，我恨你们。你们从来就没有爱过我。"

"儿子，你说什么？我们这辈子所有的努力辛苦都是为了你，你居然对我们说这种话？"

夫妻之间：

"老公，我们离婚吧！我们结婚这么多年，我从来都没有感觉到被爱。"

"老婆，我天天在外面辛苦工作，不都是为了你吗？你还要我怎么说怎么做才能感觉到我的爱呢？"

父子之间：

"老公，你爸生重病，医生已经下了病危通知单，你要回去看看他吗？"

"（沉默一分钟）算了吧，我是他这辈子最大的败笔，还是别给他添堵了。"

爱的心意与爱的表达之间可以有一道极大的鸿沟。

不管是情侣之间，还是家长和孩子之间，**其实很相爱，可是爱的心意要么从未表达，要么表达出来可对方却没有接收到，或者接收到了却误解了**，这种误解甚至可以造成相反的效果，反目成仇。

这就是最大的遗憾，我明明那么爱你，你却那么恨我。

5月15日

赢了事情，输了关系

"这件事都过去这么久了，为什么还要拿出来说呢？"

"就是因为这件事你从来都没有认错，我心里就过不去。"

"你就是觉得那件事都是我的错，你就一点都没有错，对吗？"

"我虽然也有一点错，但主要错在你，所以你需要向我道歉。"

"好，我现在正式向你道歉，十年前那件事是我错了，我对不起你。同时，我也正式向你提出离婚，我觉得我们的关系没必要再继续下去了。"

5月16日

求求你,爱我吧

"我求求你了,不要抛弃我。"

"你怎么这么贱,我都说了不要你了,你还缠着我干吗!"

"你说我什么都行,我就是不能失去你。"

到底是什么原因可以让一个人失去尊严地爱另外一个人?

因为在他那里,有比自尊和尊严更重要的东西,比如安全感,比如归属感,这些是他安身立命的根本,如果没有这些,他就无法活下去,所以可以不要尊严,去爱另外一个人。

可是,究竟为何他会以为爱的这个人可以给他安全感、归属感?

因为过往的成长经历中有一种不可割舍的毒性亲密关系曾带给他这种虚假的安全感和归属感。

5月17日

有了山盟海誓，却无法柴米油盐

"哎，你听说了吗，艾米离婚了！"

"啊？不可能吧，她老公求婚的时候那个山盟海誓啊，这才结婚多久啊，还没有半年吧。"

"可不是嘛。听说她老公很快喜欢上新公司的一位女同事，都怀孕了，来逼宫他。"

炫酷的求婚现场，众目睽睽之下的仪式感，充满浪漫感的过程，既满足了求婚者追求和征服的心理诉求，也满足了被求婚者虚荣和光鲜的心理诉求。

可是，这些心理诉求面对婚后的柴米油盐中是否会感到过于平淡？

生活不是每天都体验肾上腺素等激素水平飙升带来的亢奋，而是柴米油盐的平淡和安适。

如果不能甘于平淡，关系就会产生张力，张力逐渐增大就会形成破口，破口在一个意外的机会和场合下就遭遇了试探，在试探中想要重温激素大量分泌引发的兴奋,就有了出轨。

5月18日

是初恋,还是初恋带给你的感觉

"结婚这么多年,我始终无法忘记我在大学时的初恋。"

"你最难忘的是什么?"

"我和她在一起的时候,什么都不想,什么都不怕,也什么都敢想,什么都想做。"

"如此说来,你难忘的不是初恋,而是初恋带给你的感觉。"

我们和不同的人在一起时,会展示出不一样的自我状态。亲密关系尤其可以彰显出这种关系带出的自我。

你和谁在一起时,意气风发,放荡不羁,自由自在，没有拘束，没有枷锁，做想做的自己。

你和谁在一起时，被动怯懦，压抑表达，情感禁锢，无法做真实的自己。

你和谁在一起时，被动有时，主动有时，怯懦有时，勇敢有时，莽撞行事有时，胆大心细有时，谨言慎行有时，放飞自我有时。

5月19日

靠得近一点，还是离得远一点

"我老公太黏人了，和闺蜜出来度个假都要给我打好几个电话。"

"唉，真羡慕你啊，我那个死鬼，我死了他都不会给我打一个电话。"

很多人不明白在爱情里，我到底要亲密感，还是要自由空间？

在爱情里，开始阶段往往都要亲密感，但慢慢地发现亲密得要窒息了，就开始要自由空间。更多人想要的状态是：我想要亲密感的时候就可以有亲密感，想要自由空间的时候就可以有自由空间。

问题是，亲密感是需要经营和培养的，并非想要就可以马上有，想不要就可以挥之即去的。

那么如何平衡亲密感和自由空间呢？

理想的状态往往是，**在各自都有对自我的自信和对对方的信任的基础上，起始阶段用你独特的特色带给对方亲密感，并在必要时牺牲自我空间，在发展阶段和成熟阶段，更加尊重彼此的自由空间，甚至必要时牺牲亲密感。**

5月20日

从幼儿园起我就喜欢你

想想看，从幼儿园、小学、中学你暗恋的那个小女生，到大学谈恋爱的对象，再到以后结婚的伴侣，会不会都是同一类型异性？很有可能，至少有一些相似之处。

原来，**喜欢是因为对方激活了内在自我的某个隐秘角落。**

这个隐秘的角落可以是一种理想化人格特质的化身，可以是你对一种理想化生活的渴望，也可以是内心对某种缺失的遗憾，或者是内心受到某种冲击之后的失衡带来的重获平衡的反驱力。

5月21日

爱的五种能力

"如果爱是一种能力，你训练过爱的能力吗？"

"我连爱的能力是啥都不知道！"

心理学研究认为，**爱的五种能力包括情绪管理能力、述情能力、共情能力、允许能力和带动成长的能力。**

情绪管理能力是指觉察自己的情绪按钮、打破不良的情绪发作模式、建立健康良好的情绪表达模式，这种能力不但是帮助和提升自己，也是能够爱别人的基础前提。

述情能力是指对自己情绪感受的觉察、识别和表达的能力。如何觉察自己的情绪感受，如何识别自己的情绪感受，如何用准确的语言将其表达出来。

共情能力和述情能力有对应关系。述情能力是指觉察、梳理、表达自己情绪的能力。共情能力是指觉察、梳理、表达对方情绪的能力。如果你在与人相处时，可以准确及时地觉察到对方正在经历什么，可以感同身受地体会到这种感受对对方来说意味着什么，可以用语言将你体会到的对方的感受表达出来，那你就做到了很好的共情。当一个人被共情时，他就会感到被爱。因此，共情能力是爱的五种能力中最重要的一种。

允许能力是指不对对方过度控制，允许彼此都有自我的空间，做自己想做的事。

带动成长的能力是指能够发现对方的不足之处，又能不以优越的心态而是接纳的心态带动对方成长。

5月22日
你不可以……你必须……

你不可以一个人出去旅行！
你不可以在私密场合单独和异性吃饭！
你出差不可以连续超过3天！
你必须每天跟我说晚安！
你必须给我买10万以上的生日礼物！
……

在亲密关系中，我们希望对方为自己做很多事情，也希望对方不做我们不喜欢的事情，所以就会有很多"你不可以"和"你必须"。

这种表达方式和要求往往给对方造成负担和压力，即便开始几年还好，但时间久了，就可能产生疲累感。

相反，如果可以给对方更多时间、空间和权力去做他想做的事情，那么关系张力就会小很多，甚至可以更加亲密。

当然，很多朋友可能会担心给对方太多的自我空间，会不会两个人关系就疏远了呢？甚至会造成一些关系上的不安全感。不得不说，到底给多大空间合适是因人而异的。

如果你具备自我成长的能力，同时具备帮助和带动对方成长的能力，你就具备了足够的吸引力和黏合力，让对方愿意主动靠近，而不是疏远。**亲密关系靠控制从长久来看是终究会失效的，而是需要靠恰到好处的距离感和让人欲罢不能的魅力和吸引力来长久地黏附在一起的。**

当然，这种带动成长的能力如果在表达方式和表现形式上过于强势或强制，那么就会适得其反，甚至功亏一篑。

5月23日
你不说，我怎么知道

"原来你是这么想的，我从来都不知道你会这样，你也从来没说过啊！"

"你也从来没问过我啊！"

"我根本不知道你会这样想，我怎么问你呢？！"

男性和女性在一起时常出现一种情形就是，女性怪男性不懂她的情绪感受，男性觉得是因为你不说出来我才不懂得（虽然说出来，男人也不一定懂得）。这里就涉及述情能力。**述情能力是指对自己情绪感受的觉察、识别和表达的能力。**

如何觉察自己的情绪感受，如何识别自己的情绪感受，如何用准确的语言将其表达出来，这听起来容易，但做起来并不容易。

如果不能很好地觉察、识别和表达情绪感受，累积的情绪张力就会给两性关系带来张力。

5月24日
所谓的"喜欢"其实是"不得不"

"其实,我挺喜欢帮助人的,尤其是精神方面有状况的人。我前夫就有精神问题,虽然我们离婚了,但离婚之前,我帮了他很多,觉得很有意义。"

"你用了'喜欢'这个词,我猜想这是你这么多年针对和前夫关系的惯用表达。有的时候,我们用'喜欢'这种主动词来描述一些动作,是为了不让自己显得那么被动。但事实上,这种'喜欢'有可能是'不得不'。"

有一种创伤关系带来的误解认知,就是所谓的"喜欢"其实是"不得不"。

在一个具有创伤性或毒性的亲密关系中,受害者可能会把关系中很多的"被迫"和"不得不"在认知层面加工成"喜欢"和"享受",进而让"被迫"和"不得不"的痛苦大大降低。

这种"喜欢"可能是曾经在不得已的情况下不得不做的一件事,不得不喜欢的一个人,不得不喜欢的一种关系模式。当我们内心发现,我无法逃脱,我无法改变,就会心理暗示自己说:我一定要喜欢这件事,我一定要喜欢这个人,要不然我会很痛苦,如果我喜欢了,那么我就不会那么痛苦。这样的心理暗示久了,连自己都骗过了,一直以为自己的喜欢可能是"伪喜欢"。

当受害者从这种创伤或毒性亲密关系中走出来,会继续保留在这种关系中的认知模式,认为自己是"喜欢"或"享受"。这就是一种认知误解。

就像在《房思琪的初恋乐园》中主人公房思琪说,被老师性侵之后,逼自己爱上老师,就会让自己对后续的侵犯更容易耐受。

5月25日

一个吸引你的人唤醒了你潜在的爆发力

"自从有了喜欢的人,我整个人都容光焕发,干劲十足。每次想到她,都好像浑身上下充满了力量。"

"是啊,真的很神奇。之前那个颓废的你好像不见了,忽然变成了一个完全不一样的你。"

首先要指出,吸引不一定是爱情。吸引可能是短时间内存在的化学反应。

但这种化学反应在提示,**对方之所以如此吸引我们**,是因为对方或者唤醒了我们对某种美好事物的向往,或者激发了我们对一直以来每种状态的追求,或者向我们展示了理想的状态是可以达成的事实,或者最重要的是**让我们明白了想要成为怎样的自己**。

5月26日

你是前调之人还是后调之人

香水有前调、中调和后调。

有些香水前调很足,中调就开始后继乏力,需要补涂以保持调性。

有些香水要到了中调才体现特色，那么在重要场合中就需要把握使用香水的时机，让中调刚好在最需要展示的时刻出现。

有些香水到后调才浓郁，就像酒到深处才醇厚。

香水有前中后调，人也是一样。

有些人见面瞬间，即有惊艳之感。开始的交往总是如胶似漆、神魂颠倒。可是，过不多久，就发现这里或那里表现出来的调性与开始时的期待完全不同甚至大相径庭。原来，开始的调性带来的**光环效应**，不久就见光死了。

有些人刚开始接触时，不觉得多好，可是越是相处久了，就觉得有味道、有韵味、有内涵、有嚼头、有内秀，让人欲罢不能。

有些人不断遭遇前调之人，因为光环迷惑，又不断错过后调之人，因为等不起！

5月27日

相似的人和互补的人，哪个更吸引你

相似的人让你可以看到更多自己的影子，可以有更多共鸣。

互补的人让你可以看到更多自己的不足被弥补的样子，可以带来更多的想象空间。

哪种人更吸引你，取决于你在多大程度上悦纳自己。

越是悦纳自己，越是被和自己相似的人吸引。

越是不接纳自己，越是被和自己互补的人吸引。

有些人喜欢和自己相似的人。

有些人喜欢和自己互补的人。

吸引力到底和相似性有关，还是和互补性有关，很大程度上取决于自己是否喜欢自己。

5月28日
你在被谁情感勒索

"这个男人对你这么不好,还总打你,你为什么还跟他在一起呢?"

"是啊,我也不想和他继续待在一起,可每次想要离开他,他都说我要是离开他,就再也找不到像他对我这么好的人,还说我一个人生活不下去的。我怕啊!"

情感勒索的重要特点是以带有操控性质的威胁方式索取,受害者明明知道自己不是必须给予,但因为情感上害怕失去或害怕关系破裂就被迫给予,而且一直给予。

受害者之所以会一直被勒索,最根本的原因是缺乏安全感和独立性。总觉得如果没有对方,自己一个人无法生活,无法照顾自己,无法应对那么多困难,甚至会有各种各样的危险。除此以外,可能还会觉得离开就等于抛弃,而自己无法承受抛弃带来的道德谴责。

5月29日

关于冲突，你到底害怕什么

"在星巴克，他们弄错了我要的咖啡。"

"那你为什么不跟他们说呢？"

"算了，没什么大不了，这杯也挺好。"

"你一直都是这样，什么事情都是'算了，没什么大不了'，你到底在怕什么？"

很多人害怕冲突，更让人遗憾的是当事人并不知道自己为何害怕冲突。

害怕冲突很可能是因为在过往的人生经历中，在面对冲突时一次或多次经历了很不愉快、很尴尬、很丢人、很难看甚至很痛苦的体验，这种体验在以后每次面对冲突时都会像坐上时光穿梭机一样穿越到眼前，让人再次体验这种痛苦，甚至在还没有真正面对冲突时，这种痛苦体验就在大脑中发出警报，"快跑，危险"，人就会有害怕的感受和回避的行为。

真正能够打破这种模式的方法就是通过专业手法面对曾经的负面体验，打破负面体验带来的回避模式，就可以不再害怕冲突。

5月30日
你到底在讨好谁

"你为什么总是迁就你的朋友？"

"哎呀，不是迁就啊，我觉得她说的对啊。"

"就算她很厉害，也不会每次说的都对，而你每次都听她的，还说不是迁就，我看你不但是迁就，而且是有讨好的倾向。"

"唉，好吧，我就是讨好。我不但讨好她，我讨好身边的每个人。真的好累！"

讨好型人格在很多事情甚至任何事情上都以他人

的想法和感受为中心，对自己的想法和感受很忽略，生怕表达了自己的想法和感受之后会让别人不舒服，得罪别人，破坏关系。

讨好型人格的人非常辛苦，又非常难以改变。

讨好型人格的形成很大程度上取决于我们在最初尝试表达自己的想法和感受时受到了怎样的反馈，尤其是父母的反馈。如果反馈是积极的、是被接纳的，那么他在发展过程中就会越来越有勇气表达自己，而不是过度在意他人的感受。但如果反之，接收的反馈都是消极的，是被批评指责、不被接纳的，可想而知，之后他就很难再有勇气表达自己。

5月31日

相互亏欠，才会相互想念

"老婆，这几天出差在外，很想你。"

"哎哟，怎么想我啦？"

"就觉得总是忙工作，都没有足够的时间陪你。"

"嗯，很有觉悟嘛！"

"等我出差结束回家，请几天假在家好好陪陪你，或者我们可以一起出去旅行几天，放松一下。"

"嗯，好啊。其实你这么说，我也觉得亏欠你，你在外工作那么辛苦，让我可以不用工作在家轻松生活，我却没有把你照顾得很好。我接下来学点新菜品做给你吃吧。"

亲密关系中，常觉得亏欠对方，是非常好的秘籍。

可是，我们很怕表达亏欠，因为一旦表达了亏欠，就怕对方上房揭瓦。

对懂的人表达亏欠，效果极好。

让我们训练自己先成为懂的人。

6月
JUNE
亲子教育

6月1日

父母的爱如何变成了妨碍

一位青少年在篮球场上挥洒青春活力，积极过人，奋力拼抢。他的妈妈在场边不停呐喊助威。

"儿子你太棒了！"

"你是最棒的！"

突然，少年拼抢用力过猛，鼻子撞击到了对方球员头上，一个趔趄摔倒在地，身体蜷缩，双手紧捂鼻部，面部表情扭曲痛苦。估计鼻子十分酸爽，需要用手按住才能缓解。

这位妈妈迅猛上前，箭步冲向自己的孩子，大声喊道："儿子，你怎么啦？快让妈妈看看！"

说着就想要奋力扒开儿子捂在鼻部的双手："让妈妈看看，让妈妈看看。"

儿子还是紧紧捂住鼻部，不肯松手，也说不出话，只是极力摇头，身体蜷缩得更紧了。

妈妈还是不放弃，奋力想要扒开儿子的双手，一看究竟。

妈妈担心儿子，心焦气躁，完全可以理解，也是人之常情，却不知这个关注的动作过大，妨碍了孩子，造成更大的困扰甚至痛苦。

如果这个时刻，家长可以克制自己的担心，给孩子一点时间和空间，或许就可以自行缓解。无奈，**父母错位的关心常常带给孩子困扰。**

6月2日

眼睁睁看着孩子犯错，家长却要袖手旁观

眼睁睁看着自己的孩子在犯错误，各位家长你是否可以袖手旁观？

家长想当然地认为："这怎么可以袖手旁观呢""眼睁睁看着孩子犯错误却不管，那还是好父母吗""我作为家长一定要制止孩子犯错误"。

有些家长经过学习终于意识到自己对孩子"无微不至"的关怀或控制实际上破坏了孩子的内驱力，无法让孩子由内而外地为自己的事情负责，或从自我选择和决定中学习承担责任或后果。

不是说家长在孩子犯错误时只能袖手旁观，而是在保证安全的前提下可以允许孩子犯错误，且在事后和孩子一起复盘这个错误："宝贝，你觉得这件事做得如何""这样做有什么好处，有什么坏处""你是否愿意承担这个做法或决定的后果""有没有更好的处理方法""如果用这个更好的方法处理，效果将会如何""下次再遇到类似事情，可否尝试用这个更好的方法""好的，那让我们来一起承担这次处理不当的后果吧"。

有些家长想要改变却发现很难改变已经习惯了的干预孩子或控制孩子的行为。

其实，在初始阶段，通过控制降低焦虑无可厚非，毕竟有控制感，焦虑就会减轻，很好用，但事情总有不在掌控的时候。因此，**家长控制焦虑更好的方法是耐受失控感，即眼睁睁看着孩子犯错，眼睁睁看着孩**

子承担自己行为的后果,家长却要坐视不管,袖手旁观,跟失控的感觉亲密接触,待在一起,耐受失控感,这才是对家长对孩子都好的方式。

6月3日

你之所以觉得被胁迫,是因为你给了他胁迫你的权力

"妈,班上那个男生总是吓唬我说,如果不听他的话,他就不和我玩儿了。"

"每次他这么说,你会怎么样?"

"还能怎么样,就听他的呗,不然就没人和我玩了。"

"就是因为你每次都屈服,才给了他成功胁迫你的信心。"

"那我应该怎么办呢,不听他的话?"

"你可以告诉他,我不会允许你这样胁迫我,因为

你没有这样的权力，想跟谁玩是你的权力，但听不听你的话是我的权力。"

每个人都不希望被威胁、被胁迫、被操控，但如果你一直被某个人威胁、胁迫或操控，请允许我说，那是因为你一直在给对方威胁、胁迫和操控你的权力。

反之，如果在对方第一次这样做的时候，就严肃回应说："我不喜欢你这样对我，因为我觉得被威胁、被胁迫、被操控""我可以为你做这件事，但不会是在被你胁迫的情况下做""如果你不能改变对我的态度和方式，我想我们的关系需要冷静一下，直到你学会如何尊重我，我们再重新对话"。

6月4日
我的爸爸在哪里

"妈妈，为什么爸爸总是在工作？"
"因为爸爸需要工作赚钱养家啊。"

"可是，我也需要他啊。"

"宝贝，妈妈陪你就好啦，爸爸赚钱更重要，不然我们吃什么喝什么？"

"可是，我真的需要爸爸啊！"

父性角色缺失是指孩子在成长过程中，尤其是在需要父亲的关键期，缺乏父亲或像父亲一样的男性长辈角色的陪伴、引导、支持、鼓励和赋能。

这种缺失包括绝对缺失和相对缺失。绝对缺失是指父亲去世，或父母离婚后孩子和母亲一起生活，没有父亲在身边等，而相对缺失是指父亲虽然没离世，也没有离婚，但因为各种各样的原因长时间不在家，或即便在家，也不能有效陪伴孩子，没有和孩子建立亲密的关系或情感联结。

父性角色的存在、陪伴、引导不管对男生还是女生的内心成长都至关重要。

男性理性的思维方式、果断的做事风格、充满力量感的身体动作、遇事乐观的心态在孩子3—6岁的成长期可以帮助孩子建立稳定的情绪、积极的认知、强健的体魄和探索的精神,在 12—18 岁的青春期发展人际关系的男性视角、发展多维的自我认知、进一步发展情绪的稳定性以及对社会层面的政治认知、经济认知和文化认知。

如果缺少了父亲的存在,以上各方面的能力训练都可能会欠缺。

青少年心理健康问题越来越多地折射出父性角色的缺失,俨然已成为普遍的社会问题。

6月5日

酒鬼的孩子终成酒鬼

一个酒鬼父亲醉酒后经常耍酒疯,打老婆打孩子。

孩子还小的时候无法反抗,也无法保护自己,被父亲不知道打了多少次。

每次被打,孩子都在心里暗暗下决心:"我长大以后一定不喝酒""我一定滴酒不沾""我绝不要像爸爸一样成为酒鬼""我也绝不会打我自己的孩子"。

这个酒鬼父亲的孩子长大以后,的确很多年没有喝酒。

结婚后,自己也做了父亲,有了孩子,也没有打自己的孩子。

可是,有一天,生活压力累积到无法承受的地步,几个朋友邀请,很自然就去喝酒了,也很自然喝醉了。回家之后老婆和他吵架,说他答应不喝酒却不信守承诺,说他不负责任不像男人样,说他没能力不能赚钱。他一怒之下打了老婆,孩子看到爸爸打妈妈,大哭大闹,他又一怒之下也打了孩子。

事后酒醒,后悔不已,痛恨自己怎么像父亲一样喝醉,还打老婆、打孩子。暗暗发誓,再也不这样了。

没过多久,经济不景气,公司裁员,他失业了。

几个朋友邀请,他很自然就去喝酒了,也很自然就喝醉了,回家之后老婆和他吵架,说他答应不喝酒却不信守承诺,说他不负责任不像男人样,说他没能力不能赚钱,他一怒之下打了老婆,孩子看到爸爸打妈妈，大哭大闹，他又一怒之下打了孩子。

……

6月6日

家长如何不控制孩子

"妈，我真的受够你了，你这么多年天天都在控制我，控制我吃，控制我喝，控制我学习，控制我玩，我生活的方方面面没有一样不被你控制的，我真想早点离开这个家，脱离你的控制。"

"我的天哪，孩子，你怎么能这么说呢，妈妈不都是为你好吗，你说说，你说的这些哪一样不是为你好？"

"你口口声声说是为我好，但都是按照你自己的方式为我好。从这些事情来看，你的确是为我好，可是你的方式方法让我觉得被控制、被捆绑、被窒息。我宁可你不要为我好。"

很多家长因为不自觉地控制孩子,甚至到"无微不至"的控制程度,造成孩子失去自驱力、内动力,甚至无法形成自己的想法,就更别说实践自己的想法了,完全被剥夺了活出自己人生的机会。

家长学习了一些心理学或育儿理念之后,发现自己太过控制孩子,对孩子不利,于是想要改变,但发现仅仅是知道需要改变还不够,根本控制不住自己多年来的习惯,总是想要去控制。究其原因发现控制背后是一种焦虑,更是一种把孩子当成自己附属品的焦虑感,想要让孩子成为家长想要他成为的样子。

控制孩子就像在控制自己。

想要改变这种心态,首先需要意识到孩子不是父母的附属品,而是完全独立的个体。需要明确把孩子从家长的所有权中分割出去。

其次就是要眼睁睁地看着孩子犯错,眼睁睁地不去介入孩子为自己的行为承担后果的过程里,训练自己耐受这个过程中的失控感,才能真正放手,不控制孩子。

6月7日

没有妈妈我活不了，妈妈没有我也活不了

"你和你妈妈好像很亲密啊。"

"是啊，我需要妈妈，妈妈也需要我。"

"如果你是五六岁的孩子，我还能理解，可你已经二十五六岁了，我就不太能理解了。"

很多孩子很依赖妈妈（或爸爸）。如果孩子还小，这种依赖或许无可厚非。但如果孩子渐渐长大，还像小时候一样依赖父母，就会阻碍其独立性的发展。

从家长角度，需要在适当的年龄与能够承受的范围里，训练孩子的独立性，而不是一味地觉得他们还只是孩子，依赖父母很正常。

如果父母为了自己享受这种被孩子依赖的感觉，纵容孩子的依赖，甚至以孩子的依赖作为自己生存的根基和意义，如果没有孩子的依赖，自己都会空落落的，觉得没有存在感、没有价值感，总要想方设法给孩子提供依赖的机会，甚至孩子没有要求，家长都会

主动送上门,这种关系就很容易变成"共生关系"。

共生关系简单说就是"没有妈妈我活不了,妈妈没有我也活不了"。

共生关系会严重阻碍孩子的心理发展,无法成为社会人独立于社会,适应环境,甚至在自己的人际关系,尤其是亲密关系中受到极大的阻碍。

成年的你与谁共生?!

6月8日

总是丢失的雨伞和总是想控制的孩子

"你出门时好像是带了把伞出去的。"

"哦,对啊。我的伞呢?唉,怎么每次出门带伞都带不回来呢。"

"因为你没有把伞当成你的。"

如果你也有弄丢雨伞的经历,体会一下为何会弄丢?

是不是把雨伞随便放下之后就好像没有在大脑记忆中登记这件事，好像这把伞根本就不是你的，你对这把伞没有"物权意识"。

物权意识就是意识到这把伞是我的，我需要对它行使所有权、使用权和保管权。

相对应地，家长对孩子倒是很有"物权意识"，总觉得孩子就是自己的附属品，需要对孩子有绝对的控制权和责任，"无微不至"地控制孩子会造成孩子失去自驱力。

雨伞和孩子，我们是否会错配了物权意识？

6月9日

到底要不要让孩子承受压力

"孩子的学校太鸡血了，我得给他换个学校。"

"可是，如果我没记错的话，你家孩子已经换了好几所学校了吧？"

"是啊，没办法啊，这些学校压力都太大了。"

压力的确是当今社会的一个主题。不管是成年人还是孩子，都在承受压力。

但对压力应该如何看待，是不是压力就都不好？

从环境适应的角度来看，承受压力是我们每个人不可缺少的训练课。有些人需要承受的压力没那么大，比如幼儿园的小朋友，有些人需要承受很大的压力，比如在不景气的大环境下赚钱养家的爸爸。

从心理健康角度来看，承受适当的压力要比完全没有压力要好，因为压力在一定程度上可以塑造人的心理韧性。

当今孩子普遍存在一个特点，就是承受力和耐受力不足，导致很多时候因为一件非典型创伤事件造成创伤反应。所以就有家长说需要给孩子进行残酷的"冷血"训练。

那么家长到底是要更多呵护孩子，给予他们爱，还是让孩子更多暴露在社会压力中，训练承受力和耐受力？这个问题需要用逻辑循序和先后循序来看。

一般是先给关爱呵护，奠定安全感和自我价值感的根基，在此基础上，进行逐级暴露训练，让孩子在逐渐增加的压力之下学习承受和耐受，才比较有可能训练出孩子健康的心理品格。

6月10日

难道真的要答应孩子所有的要求吗

"你连这么贵的玩具都买给你的孩子吗？"

"唉，不然怎么办呢，心理专家不是说要无条件接纳孩子吗？"

"可是，这么贵的玩具都买了，以后他提什么要求估计都很难拒绝了。"

很多家长在学习心理学的过程中会对"无条件接纳孩子"这句话有一些误解，以为是指不管孩子说什么、做什么都要无条件接纳，不然就是错的。

其实无条件接纳说的是和孩子的关系层面，是指不管孩子说什么、做什么，我都接纳你做我的孩子，我都爱你，这是不会改变的。但这并不代表要无条件认同孩子的行为，即把人和事情分开，把关系和行为分开。

我们常常会误解尊重孩子就是要满足孩子的要求和条件，即使这些要求和条件其实是不合理的。家长比较难体会态度上的尊重和行为上的认同之间的区别。

态度上的尊重是指，**我可以在沟通态度上理解你的想法和感受，并尊重你有权利有这样的想法和感受，但在行动上我也可以坚持我的原则，不一定要认同你或答应你的要求和条件。**

6月11日

越是被压抑的，就越要去做

"我跟你说了多少次了，不要玩游戏超过12点，你怎么就是不听呢？"

"可是，你越是禁止，我就越想违禁。"

"哎？你这个孩子太不像话了啊，你不知道这样做对你有害吗？"

"我当然知道，可我也不知道为什么，就是想要做你禁止我做的事情。"

很多人会把这种情形称之为青春期孩子的叛逆行为。

叛逆行为有很多心理机制的理论，其中有一种叫作"平衡理论"。**平衡理论认为人的内心在一件事情上越是强烈压抑，越是容易想要反向形成，以此达成某种平衡。**

"反向形成"在心理学原理中是一种非常奇特的存在。如果某件事已经对你产生吸引力，那么不管是他人施加的，还是自己施加的压抑，不让自己去做这件事，就越有做这件事的冲动。

6月12日
到底要不要给奖励

"唉,我这孩子整天在家玩游戏,其他什么都不做。有人建议说让他做点家务,给他钱作为奖励,也不知道对不对。"

"好像不对,我听过一个心理学课程,说给钱这种方式属于外部刺激,会削弱他的内在动力。"

"可是,如果不这么做,他根本没有动力啊,什么都不做。"

学过一点心理学的家长都知道金钱奖励有很大的争议,就是会让孩子对金钱更看重,而不是对事情本身更看重,所以觉得这种方式千万使不得。

奖励机制虽然被划归为外动力,但奖励机制在特定情况下是有效且必要的。

如果孩子已经完全陷入心理和行动的瘫痪状态,要是可以借着金钱奖励做一点事情,比如家务、运动,也未尝不可,只是不要把金钱奖励当成是一种常态,剥夺了内动力发展的机会。开始阶段，孩子可能是为了钱做家务或运动，但如果可以在过程中帮助他体会到做家务或运动的乐趣和好处，就可以激发内动力，这时就可以逐渐减少外部奖励，让孩子逐渐转移到依靠内动力做事情。

很多心理学的理论和方法都有特定的适用范围，搞不清楚就是误用、滥用，或者不敢用。

6月13日

管孩子是孩子需要，还是家长需要

"妈妈，我的手好痛啊。呜呜呜！"

"哭什么哭，这有什么好哭的呢。我最受不了你这种哭。"

"可是我真的很痛啊！"

"痛也不准哭，哭的时候我怎么和你沟通。"

从父母角度来看，管孩子、教养孩子、限制孩子好像都是为了孩子好，是为了孩子的益处。但仔细思考一下，有没有另外一种可能，就是父母出于自己的过敏、不耐受、喜好或偏见，想要限制孩子？这种限制从积极角度来看，好像是为孩子好，但其实是为了自己的需要。从消极角度来看，是父母自己的问题，却要孩子来买单。

父母管束、限制孩子有多少是出于孩子的需要，又有多少是出于家长自己的需要？

养育孩子的过程中，家长特别需要分辨：我这样管束他或这样宠爱他，到底是孩子的需要，还是我作为家长的需要？ 如果是出于家长的需要，就要进一步考虑这种做法是否会阻碍孩子的发展成长。

6月14日

孩子听话到底是好还是不好

"哇哦，你的孩子真听话！"

"嗯，是啊，这孩子从小就听话，很省心。"

"唉，我的孩子要是有你孩子的一半听话就好了，我也不用这么辛苦了。"

很多家长会把听话与否当成衡量孩子好不好的重要标准。

很好理解，一个听话的孩子会让家长很省心省力。但一个听话的孩子是否具有打破阻碍、实现自己独特想法的能力，是否具有丰富的想象力和不受限制的创造力，是否懂得打破常规思维、拥有突破自我的能力？恐怕很难。

在孩子 0—5 岁的年龄，听话、顺服、尊重都是训练孩子的重要目标。但从 6 岁之后，孩子的自我意识逐渐发展起来，听话就不见得有优势了，**孩子需要训练在顺服权威基础上的自主意识、独特思维、敢于打破常规的思维和勇气。**

6月15日
权威感的双刃剑

"你的孩子好像很怕你啊!"
"当然,做父亲没有权威感,哪儿行啊!"
"可如果他那么怕你,还能和你说真心话吗?"

孩子在心理发展过程中的初始阶段,特别需要有父母的权威感来帮助自己听取重要意见和建议,以此保证自己的成长尽可能规避危险和风险,尽可能少走弯路和错路。

但父母的权威感到底该如何建立?

父母的权威感要么以爱的方式来建立,要么以敬畏的方式来建立。准确地说,是在**以爱为根基的前提下建立敬畏之心,才最有效**,尤其是在孩子6岁之前。没有爱的权威感就是恐惧,只有爱却没有权威感就是纵容。

如果父母既没有让孩子感受到爱,也没有让孩子有敬畏之心,你如何期待自己对孩子有权威感呢?

6月16日
难道真的都是家长惹的祸

"原生家庭理论认为,孩子在成长过程中受到原生家庭的影响很大,尤其是父母的教养方式的影响。现在孩子出现问题,家长需要积极做出改变,不然孩子很难好起来。"

"你看看,心理咨询师都说了,就是你们的错,你们把我给养残了,你们要对我负责。我这辈子就吃定你们了。"

"……"

科学心理学引入中国百余年时间,我们几乎是照单全收国外的心理学理论,由于缺乏足够的剖析、本土化及改良,直接应用时造成了很多误解和误用,比较典型的例子之一就是原生家庭理论。

心理学中的原生家庭理论是为了了解和理解孩子形成如今这种思维模式、情绪模式和行为模式背后的原因是什么,找到原因才能有针对性地解决问题,所以追本溯源是为了更好地解决问题，而不是为了归咎问责父母。因为过度纠缠在归咎问责上，孩子就有不为自己负责的风险，觉得既然是你们造成我的问题，那就由你们来解决我的问题，我不管了。

精神心理问题的形成和解决是两个维度的问题，原生家庭理论可以在孩子问题的形成上给到很多的启发，让我们知道问题在哪里。但在解决问题的层面，责任终归还是要落在孩子自己身上，尤其是 15 岁以上的孩子。他们逐渐形成了自己的认识和自主意识，能够更多从抽象角度理解自己发生了什么，在心理咨询师的辅助下更多认识到如何解决这些问题。

在治疗的开始阶段，如果孩子病情严重，家长的改变和家庭环境的改变确实可以起到很好的带动作用。但在治疗的进阶阶段和后期阶段，一定要关注孩子为自己负责的意识和内在动力的激发，否则就可能出现"躺平"现象。

6月17日

你在操控你的孩子吗

"我终于知道了,你们家长这么多年就是在操控我。操控我的思想,操控我的意志,操控我的行为。我再也不要做你们的傀儡了。你们休想再操控我。"

家长被孩子这样控诉之后,也是一脸蒙。不禁问自己:"我真的是在操控我的孩子吗?"好像是,又好像不是。

操控这个词有很大的贬义属性,是因为它暗含着以不良手段欺骗对方以期收获自己的利益,达成自己的目的。家长在教育孩子的过程中会有混淆的情况,到底是在为自己的利益,还是孩子的利益,因为有时候家长和孩子的利益是一致的,至少长远角度是一致的,只是当下可能不一致。

家长是不是在操控孩子,可以根据以下三个原则来判断:

- **我这样说、这样做到底是为孩子的益处还是为**

家长自己的益处？
- 我在传递信息时，是否充分给予了孩子知情权？
- 最终的决定权是否给到了孩子？

如果以上三个方面都做到了，即为着孩子的益处，给到了足够的知情权，也把最后的决定权给孩子，那么就可以放心，你不是在操控孩子。

6月18日
家长难还是孩子难

"现在的孩子真难养，深了不行，浅了不行，多了不行，少了不行。"

"你觉得养我难，我还觉得做你的孩子难呢！今天这个要求，明天那个要求，我都感觉我活着就是你实现自己人生目标的工具。"

在孩子成长过程中，家长真是太不容易了，用尽百般心血，一不小心就可能把孩子养"残"了，也不知道是哪里出了问题，这个专家这样说，那个专家那样说，也不知道自己到底哪里出了问题。从孩子的角度来说，孩子也不容易，从一张几乎白纸的状态，没有选择地进入一个家庭，有了一对父母，在这种环境和教养方式中不知不觉就形成了一种不良模式，好像自己很无辜，也很无力。

这种两难境地的出现和发生，究其根本，有一个重要原因就是家长误解了自己在孩子成长过程中扮演的角色。

初始阶段0—3岁，孩子还小，家长扮演的角色更多是**抚养、保护、教导和关爱**。

孩子长大一点，4—6岁，开始有了自己的意识和思想，家长扮演的角色就在抚养、保护、教导和关爱的基础上，多了一点**引导、建立和扶持**。这时的角色任务和之前有一个区别就在于，家长不再是直接给予和灌输，而是探讨式互动，借用孩子正在发展的思想意识和认知能力，理解事物，训练能力。

孩子再大一点，7—12岁，在前面角色任务的基础上，**开始要让孩子自己做决定**，并在决定中体会抉择、取舍和承担责任。

13—18岁，孩子的自我意识达到高峰，家长的角色退居二线，变成**支持和顾问角色**，意见仅做参考。

18岁以后，所谓的成年和成人，不但是年龄上的生理成熟，更是心理上的心智成熟。

以上每个阶段，家长的角色错位都会带来误解、沟通不畅、隔阂甚至反目成仇。

6月19日

有没有不变的心理学原理

"我听一个心理专家说，养孩子需要引导和跟进，家长一旦放松了警惕，孩子就有可能要么拖延不前，要么犯错受伤。"

"可是，我也听一位心理专家说，养孩子需要放手，给他做决定的权利和空间，让他从自己的决定中吸取经验教训，学习承担后果，学习成长。"

你们是否遇到过不同的心理专家对同一件事有不同的看法和建议？一定有的。不但是因为不同的心理专家有不同的理论背景和经验，还有一个更重要的原因就是，同样的心理学理论对不同年龄段的孩子而言，有的适用，有的不适用。适用6岁孩子的心理学理论不一定适用12岁的孩子。

家长在学习和使用心理学理论和方法时，常常忽略的一个问题是，**这个原理或方法是否适用于我孩子现在这个年龄**。孩子在不同年龄处在不同的发展阶段里，不同发展阶段的孩子的心理需求是不同的，就决定了适用不同的方法和原则，也决定了不同发展阶段的主要任务不同。**甚至在同一年龄段里，同一种情况，因孩子具体情况不同、个体差异很大而需要使用不同的方法和策略。**

6月20日

一脚把孩子踢进泳池就学会游泳了吗

"你这孩子这么长时间还没有学会游泳,就该一脚把他踹进游泳池,他就学会了,你就是太心软了。"

"可是,一脚把他踢进去,他被水呛到怎么办?"

"呛水几次就学会游泳啦。我的孩子就是这么过来的。"

已经受伤的孩子被一脚踢进游泳池是学不会游泳的,可能会溺水。

有心理专家认为,失能状态的孩子是因为耐受力不足、承受力太弱才会陷入失能的状态。据此,很多家长可能会误解这个说法,转身对自己失能的孩子说:"你就是耐受力不足,你赶紧要么回学校上学,要么出去上班,你就是要暴露在压力环境之下经受训练。我要一脚把你踹进游泳池。"

可是,已经失能的孩子再也没能浮出水面。

已经受伤的孩子即便你一脚把他踢进游泳池,想让他学会游泳，他可能不但学不会游泳，还可能溺水。**因受伤而失能的孩子需要的是先赋能再经受训练，赋能是第一步，没有赋能就进入压力环境，伤会更重。**

6月21日

养育孩子光有爱够不够

"听了这么多心理专家关于养孩子的建议，我发现他们有个共同点，就是要爱孩子，甚至无条件地爱他们、接纳他们，孩子就一定会好起来。"

"可是，有时候太爱他们，会变成纵容吧，我总觉得不太对呢。养孩子光有爱够吗？"

养育孩子如果只有爱却没有边界，那就变成了溺爱。

家长需要训练孩子边界的概念，需要眼睁睁地看着孩子跨越边界承担后果，之后再体恤他的情绪，引导他的认知，用复盘思维帮助孩子理解边界。这个过程涉及传授知识、训练技能，通过这些知识、技能、经验不断训练孩子成为他自己，等到孩子18岁具备基本的技能之后，家长又要学会放手，在孩子的生命舞台上优雅地谢幕。

这所有一切都是爱的含义。

广义来讲，养育孩子有爱就够了，只是我们并不知道爱的全部含义。

6月22日

小时候你被爸爸打，长大后你也打自己儿子吗

"从小我爸就打我，而且是暴打那种。我被打时，就很恨他，也暗暗发誓，以后我要是有孩子，我绝不打他。"

"然后呢？"

"二十年后，我有了自己的孩子，也是男孩，开始

的时候，我从来没动过手。可是，后来他开始上小学，我辅导他作业的时候，真是气得我七窍生烟，我也没动手。"

"再后来呢？"

"再后来，有一次他说谎骗妈妈的钱去网吧上网，我把他暴打了一顿。"

如果小时候，你的爸爸有暴力倾向，经常打你，尤其是喝醉酒之后，你可能对爸爸打你这种暴力行为恨之入骨，甚至对喝酒这个行为恨之入骨。当你长大后，你觉得你自己更有可能会一点不打自己的儿子，还是也像爸爸一样打你自己的儿子？

其实两种情况都有可能，而且在我看来，两种可能性不相上下。

如果你一点不打自己的儿子，那可能是每当你看到儿子，你更多将自己代入当年自己被爸爸打的角色里，于是你不忍心打儿子，因为当年自己被打的体验阻止了你下手。

另外一种可能，就是你也打自己的儿子，你更多

将自己代入当年爸爸的角色里，可以狠狠地打儿子，打完之后又很后悔。这种代入和穿越是不知不觉的，但理性上再怎么不愿意，还是会发生，是因为在打儿子那一刻，你代入爸爸的角色可以给你带来内心的平衡，这种平衡是你在做儿子时被打造成的失衡带来的强大反驱力。

6月23日

过程比结果更重要

"爸，我数学没考好，只有93分，其他同学都考得比我好！"

"宝贝，爸爸记得你上次考了89分，你比上次考得好。而且，爸爸看到你这段时间很努力。"

"努力有什么用呢？还是没考好！"

"宝贝，努力当然有用，**努力给你克难制胜的过程体验。过程比结果更重要！**"

6月24日

错过了敏感期，还有补救的机会

"心理专家说，孩子的阅读敏感期是3岁左右。唉，真遗憾，当时我们也不知道啊，错过了敏感期。"

"什么叫敏感期？"

"敏感期就是孩子训练某种技能的最佳时期，是根据孩子大脑发育的特点设定的。"

"这么神奇吗？如果错过敏感期就再也不能训练这项技能了吗？"

很多理论告诉我们，孩子小的时候，有对某种事物或技能的特殊敏感期，一旦错过就没机会再训练了。这些敏感期包括语言敏感期、动作敏感期、阅读敏感期、空间立体敏感期、数学敏感期等。

但近十年来，神经可塑性理论对敏感期理论提出了挑战。

神经可塑性理论认为，人的神经系统发展并不是在20岁就停止了，而是一生当中都在可塑状态下。虽

然 20 岁之后，可塑性不如 20 岁之前，但只要掌握方法，还是具有很大可塑空间的。所有错过的敏感期都可以再找回来。

6月25日
到底有多痛

每个人都经历过身体疼痛。

其实，**身体疼痛并非完全取决于疼痛本身**，人心理上的认知解读对疼痛程度的影响远远超出了你的想象。

如果认知解读的结果是"这没什么大不了，不需要太关注"，那么疼痛的主观感受就会下降。如果认知解读的结果是"这非常了不得，需要急切关注"，那么疼痛的主观感受就会大大提高。

引申来说，当孩子大概 3 岁时，第一次走路摔倒了，之前从来没有发生过，那么摔倒这件事会有一个客观的疼痛感受，但接下来父母的反应会直接影响孩子对摔倒疼痛的主观感受。

第一种反应，父母跑过去，表情严肃紧张，急切询问："宝贝你怎么样啊""摔得疼不疼啊""一定很疼吧""哎哟，妈妈好心疼你啊""天啊，要不要去医院啊""你看看，都破皮了""天啊天啊，不得了啦，孩子摔坏了，必须马上去医院"。

第二种反应，父母走过去，看着还倒在地上的孩子，面带微笑："宝贝，好玩吗""走路也不容易啊""你需要妈妈扶你起来吗""我觉得你可以自己起来的""试试看，努努力""只是擦破皮而已，没关系的""不用理会这个小伤"。

显然，父母的两种反应会带来孩子对疼痛这件事的不同的主观感受。这种主观感受会延续到成年，甚至如果没有主动修正，可以维持一生之久。

6月26日
危险的过度补偿心理

"你也太宠爱你的女儿了。"

"哎,那怎么办呢,就这一个宝贝女儿。我们年轻那会儿,日子苦,现在日子好过了,就不想让孩子吃那个苦了。"

"可是,这么宠爱她,恐怕她会惹祸啊。"

"惹祸又怎么样,我护得住。"

几年后,女儿在父母金钱的无度浸泡下,无法再从一般事物中享受快乐,开始吸毒了。

很多父母那一代人很辛苦地创业赚钱,他们成功了。他们会有强烈的**过度补偿心理**,会用各种各样的**资源让孩子避免受苦**,这个过程强烈满足了父母的成就感,觉得自己有本事可以不让孩子受苦,平衡了自己早年受苦受压的失衡心理。可是,家长在此举中却忽略了一个重要事实,就是让孩子承受一些压力、受一些苦,是训练孩子克难制胜的心态,训练他们的耐受力、意志力的重要机会。否则，孩子会在有一点不顺心、不如意的情况下怨天尤人，又在基本享乐的浸泡下渐渐失去快乐的能力，直至铤而走险去体验非一般的刺激。

6月27日
先梳理好情绪，再处理事务

"每次孩子出问题，我都要和他大吼一番。"
"有效吗？"
"就是没用啊，之后该怎么样还是怎么样。"

美剧《金装律师》中，每个人都仿佛是心理学家。每次找对方聊重要的事之前，都会先察言观色一番，看看对方当下情绪如何，如果心情不好，那就暂缓讲要事，免得情绪上头，要事谈崩。

情绪和理性是相互对抗的两种力量。情绪占上风，理性就不足。理性占上风，情绪情感就变弱。好的觉察力既可以觉察自己的情绪，也可以觉察他人的情绪。对于成功的沟通而言，敏锐的觉察力和对情绪的管理能力缺一不可。

在和孩子沟通的过程中，更需要家长先管理好自己的情绪，再和孩子表达内容，否则，孩子关注的更多是家长的情绪，而不是表达的内容。

6月28日
失去理性的理性

"教育孩子，你要克制你的情绪。"

"我已经很克制了，谁辅导作业不发脾气啊。"

"一个人真正的理性就是体现在情绪很强烈的时候。"

人总有失去理性的时候，因为理性的保持需要很多条件和要素，比如身体状态、情绪状态、意志力、自控力和认知力等。

两个人吵架，在对方失去理性时，其所说的话、所做的事也容易激发自己失去理性，好像要以其人之道还治其人之身，心里才会平衡。

一个人的理性程度，就体现在自己失去理性的时候还能留存多少理性。

6月29日

再苦也不能苦了孩子

"孩子想要买个平板电脑，需要1800元。"

"他才二年级，买什么平板啊！"

"二年级怎么啦，人家同学都有平板，就你孩子没有，你心里过得去吗？"

"别人有，我们就得有吗，别人家庭年收入一百万，我们家年收入十万，能比吗？"

"还不就是因为你没本事，赚不了钱。就算再苦，也不能苦了孩子啊！"

早年教育界流行过一句话，叫"再苦也不能苦了孩子"。这句话被误解为父母再怎么吃苦受罪都要给孩子提供最好的生活条件，让他们过上好生活。

这种做法听上去很无私、很伟大，但造成的实际效果却是父母为生计四脚朝天、疲于奔命，孩子安坐钓鱼台上房揭瓦，丝毫不顾及父母的辛苦和需要，甚至为了自己的美好生活愿望逼迫父母。

其实，"再苦也不能苦了孩子"是指在孩子接受教育方面不能荒废，要竭尽所能让孩子接受好的教育，而且**教育的内涵绝不仅仅是学习好而已，还应该懂得常理、伦理、情理，让孩子懂得人情、亲情、友情、爱情和世间情。**

6月30日

父母爱孩子，却没有教会孩子爱父母

"爸，我想买个平板电脑，需要1800元。"

"这么贵？平板电脑有什么用呢？"

"说了你也不懂，我们班同学都有。"

"下个月再看吧，爸爸这个月要去医院检查一下身体。"

"什么下个月啊，这个月我们班同学就要有个游戏大赛，人家都有，就我没有，多丢人啊！"

父母用尽心力去爱孩子，却没有教会孩子爱父母。

7月

JULY

人际关系

7月1日

谁对你的认可最重要

你认为谁对你的认可最重要?

是妈妈?妈妈对你的认可是针对身体方面吗?

是爸爸?爸爸对你的认可是针对成就方面吗?

是老师?老师对你的认可是针对学习方面吗?

是同学?同学对你的认可是针对颜值方面吗?

是老板?老板对你的认可是针对工作方面吗?

是朋友?朋友对你的认可是针对真诚方面吗?

还是说你可以找到一个人对你的认可是针对你整个人的,只要他对你认可了,就表明你真的很好了、很全面了,只要他对你不认可,就还需要加倍努力?

任何人对我们的认可或不认可都是一种侧面或一个层面的反馈,可以作为参考,**但始终不应该是你对自己评价的唯一参考。**

7月2日
相形见绌只是一厢情愿的错觉

"哎呀呀,你看看,你看看,她真美,那大长腿,那白皮肤。唉,再看看我。"

"你也挺好的啊!"

"我还好啊,你看我这腿,短粗胖。你再看我的皮肤,说白不白,说小麦不小麦。"

相形见绌是指在某方面跟别人比较时觉得自己不够好,不如别人好。

关键在于,你认为的"不如别人好"是按照怎样的标准来衡量。

当觉得自己在某方面略有欠缺,而且是自己非常看重的方面有欠缺,就会对此耿耿于怀。这种"耿耿于怀"的心态就会在神经系统里留下一个标记,成为一种不断被放大的"神经焦点",以至于在看到他人在这个特定的方面比较好、比较擅长、比较突出时,就会反观自己进而强化自己的不好或失败,强化对方的好或强大，进而带来很大的反差感，这就是"相形见绌"背后的神经逻辑。

说这种"相形见绌"是错觉，是因为这种比较带有片面性，以偏概全，并非客观综合的判断。

有可能，在对方看来，恰恰相反，你才是那个厉害的人，因为你有她根本没有的东西。

7月3日

争论背后到底是表达欲、对错观还是胜负欲

人类有这样一个很有趣的行为，就是"争论"。

在争论时，有人可以争得面红耳赤，有人可以争得唾沫横飞，有人可以争得勃然大怒。

这么强烈的情绪状态，这么用心用力地操作，到底背后是什么力量在驱使"争论"这个行为？

表达欲？对错观？是非心？争强好胜？

这些或许都对，不同的人可能有不同的原因。

但从大脑神经原理来说，似乎有一个共性，就是对于他人不符合自己已有认知体系的观念、说法和感觉，大脑会发出强烈的信号，预警说："这是不符合自己目前认知系统的"，因此无法通过大脑的认知审核。

如果在这时，大脑无法分辨对方的观点属于对方，而不属于自己，那么大脑就会发生认知失调。认知失调会造成强烈的情绪反应，进而驱动人会本能地想要纠正认知失调，就产生了"争论"的行为。

其实，只要反馈给大脑一个纠错信息，说：**"这是对方的观点，不是我的观点""对方怎么想并不影响我"**，就可以打破这种认知失调，进而放弃争论。

7月4日

你看到的所有美人都有你投射出来的泡沫光环

"她简直太美了，我要是有她十分之一美就足够了。"

"她一定也很聪明，天生丽质。"

"她一定还有很多好朋友，每天都围着她转。"

"她的人生一定很美好！"

"美"这件事特别容易带来光环效应。在"颜值正义"的年代，只要长得美，好像就万事大吉、万事亨通了。

很多人也真的会因为对方的"美"不自觉就想给对方一些特权，好像只要能一睹芳容或跟芳容待上一会儿，就值得为此买单。"美"就出现了光环效应。

这种"光环效应"是指因为容貌美而觉得这个人其他方面也好，甚至什么都好，看哪里都好。

但事实是，美貌之外的"好"很可能是我们自己投射出来的，并非美人所真实拥有的。

当这位你眼中的"美人"在某个特定场景下折腰时，所有的"光环"都变成了"泡沫"。

打破这种光环思维最好的方式就是自我提升"美人"吸引到自己的这种特质，慢慢将这种特质从神经焦点上移开，放大效应就消失了，泡沫就被打破了。

7月5日

断联多年之后的电话

有一天，你忽然接到一个电话，电话另一边是一个久违的老朋友，你们已经很久没联系了。

你很意外，不知为何对方会打电话给你。

你们的生活已经很久没有交集了，有人搬过家，有人毕业了，结束了一段学习或一段工作，离开了原来的环境，不知不觉就断了联系。

后来得知对方打电话来是因为在新环境中遭遇了一些事情，让他忽然意识到曾经彼此在一起时你对他的理解、关照、担待、包容和体谅，想要对你说声"谢谢"。

你一时无语凝噎，竟泪流满面。

不知不觉，从那以后，你的心里好像有了一种力量，给了你即便兵荒马乱也可以自持的坚定和从容。

7月6日

我们都在不知不觉扮演着受害者或拯救者

人生在世，谁都会受伤。那些伤可能是身体的、心理的、精神的。

受伤之后，我们就成了受害者。

如果幸运，伤可以疗愈，受害者身份就变成了过去时，但受害心理却留下了深刻印象。

有些受害者会反复不停地将自己置身于受害的风险之中，使自己始终保持受害者身份，以满足某种受害者情结或受害者熟悉的身份感。

有些受害者没有继续受害，后来变成了拯救者，去帮助那些像自己一样受害的人。

还有一些人，一直以为自己是拯救者，仿佛天生对受害者有同情怜悯，无理由地想要帮助他们，岂不知自己在拯救的过程中变成了受害者。

7月7日
最可怕之事

"有个规模很大的阅读大会请你去做个演讲。"

"演讲?不不不,你可饶了我吧。我死都不去。"

"干吗那么怕?"

"那么多人众目睽睽地看着你,你的每个动作、每个表情、每个眼神都被看得仔仔细细的,想想都可怕。"

据美国一项民意调查发现,人们最害怕的事居然不是死亡,而是当众演讲。

想想也可以理解,因为死亡只是关乎自己的事,和别人没关系。但当众演讲却是关乎别人怎么看待自己的,和别人有很大关系。

人几乎都很难承受他人对自己的负面看待。尤其是在自己已经先入为主地对自己有负面看待的时候，就更容易将他人对自己的看待解读为负面。

7月8日

到底是被赞美者开心，还是赞美者开心

"你的妆容和衣服搭配真让人赏心悦目。"
"哇哦，谢谢你的赞美。这让我心情愉悦。"
"赞美你，让我的心情更愉悦。"

当一个人被赞美时，是赞美者更开心，还是被赞美者更开心？

我们通常认为，人在接收赞美、认可和肯定时，会感受到快乐和愉悦。

但认知功能神经科学研究显示，当人真心发出赞美、表达认可和肯定时，大脑的奖赏系统会被激活，释放大量多巴胺，进而产生愉悦感，有被赋能的效果。而人在接收赞美、认可和肯定时不一定会产生相应的

效应，因为接收者主观层面是否认同，直接影响接收的效果。

由此看来，**真心的赞美是发出者比接收者更为受益。**

7月9日

你的话题总离不开自己

"哎，你知道吗，我最近在读一本书，是讲如何快速写一本书的，说得很有道理，让我很有冲动想要自己也写一本书。"

"哎，我最近开始学烧菜了，外卖吃腻了，自己烧着吃感觉又干净又健康。"

"哎，你说我要不要再读一个学位呢？感觉本科总是少了点竞争力。你说我去哪里读好呢？"

与人交谈，你的话题有多少在自己身上，有多少在他人身上。

有多少次,你沉浸在自己感兴趣的话题上,根本没有顾及听者的感受。

有多少次,当别人分享话题时,你甚至连敷衍搪塞的功夫都省了,直接插入自己的话题。

有多少次,你霸占话题直到聚会结束,都还没意识到整个聚会你都没有给其他人分享的机会,没有倾听他人的想法和感受,没有走进他人的内心世界。

过度关注自己,失去外界反馈带来的矫正作用,人会迷失在自己的世界里。

7月10日

存在感为什么要刷

"你为什么总发朋友圈呢?"

"刷一下存在感啊!"

"存在感为什么需要刷呢?不刷你就不存在吗?"

"刷存在感"是一个很有趣的表达,好像我们随时可以被这个世界忽略，被这个世界遗忘。而我们，作为具有社会属性的我们，又生怕被忽略、被遗忘。

因此，存在感需要刷一刷，让我们看重的人可以看到我们，传递一种信息，甚至有时候是无选择性地刷，能看到的人越多越好，反馈越多越好。不管是积极反馈，还是消极反馈，至少能体验自己还活着，证明自己存在着。

7月11日

一个坏消息和一个好消息

"我有一个坏消息和一个好消息，你想先听哪个？"

"那就先听坏消息吧。"

"坏消息是这次雅思分数不够七分。"

"哦，那好消息是什么？"

"好消息是我们下次还可以再考。"

经常看到电影中的台词说:"我有一个坏消息和一个好消息,你想先听哪一个?"

其实,按照通常思维来说,那件事就是一个实打实的坏消息,但事情总有积极面。

每次给人坏消息时,尝试找到积极面,同时给人一个好消息,可以让对方更好接受坏消息。

7月12日

预言式心智解读能力

"老同学,今天怎么有心情请我出来吃饭呢?"

"哈哈,因为接下来我要跟你说的事情,你要骂我了,所以我就请你吃饭先赔礼啦。"

"什么事啊,这么严重,要你请我吃饭来赔礼?"

"还不就是你托我给你诉讼的案子吗,我恐怕要让你失望了。我干律师三十年了,今年我决定退休了,所以没办法接你的案子了。"

"啊？退休？你这么年轻就退休啦，你就把我的案子做完再退休呗？"

"哈哈，快六十了，不年轻啦，干不动啦。不过，你放心，我看了你的案宗，看得出其实啊，你最在意的并不是经济方面，而是名誉问题。我估计啊，只要能让你的公司名誉上好看，你也就算是达成目标了。"

"哈哈哈，对对对，你太了解我啦，就是这个意思，我还没说，你都知道啦。"

"当然了，我太了解你啦。你放心，我已经安排我们公司最得力的年轻才俊负责你的案子，他在这方面很有经验，应该不会比我做得差。"

心智解读是理解心理状态的能力，理解对象包括自己和他人，理解内容包括想法、意图、动机、信念和愿望等。这种能力主要针对在一定的社交互动场景中，对方已经用语言、表情或行为表达出来的情况，只是不同人听到或看到这些表达之后，解读程度和结果不同，即心智解读能力不同。

预言式心智解读能力是指在特定社交互动场景

中，对方还没有说出来或做出来，你已经预先感受到对方的想法、感受，甚至接下来会说什么或做什么的能力。这种能力甚至可以预判自己有了某种表达之后，对方会有怎样的反应，这对**调整最佳社交策略有重要帮助**。

7月13日

表白被拒了

"你最近是怎么啦，怎么这么'丧'呢？"

"唉，表白被拒绝了。"

"表白被拒有什么了不起，再继续找呗！"

"主要是被拒之后，感觉自己好失败啊！没勇气再找了。"

有些人被拒绝，觉得没什么。

有些人被拒绝，就会特别难受。

这种难受不一定是因为痛失所恋，而往往是因为被拒绝的原因被放大了，觉得是自己太差了，是自己这个人太不好了，自己就是一个失败者等。强烈的内归因让自己喘不过气来。

后来才知道，对方拒绝自己是因为对方太自卑了。

7月14日
被饶恕这件事到底有多重要

"我最近看一个新闻，说一个患了癌症的老人做了一件很不可思议的事情，就是对他这辈子能想到的得罪过的人都尝试着登门道歉，那些实在无法登门的，就写邮件道歉，那些邮箱也找不到的人就自己写一封道歉信放在树洞里。等他做完了所有的道歉之后，他就去旅行了，等旅行回来之后，他的癌细胞居然好了很多，虽然没有完全消失，但至少不再扩散，而且有减少的趋势。医生说，这应该不是药物带来的效果。"

"那他道歉的那些人饶恕他了吗？"

"报道里没有提及，估计是有的饶恕了，有的没有饶恕吧。"

"如果是这样，那么真正起效的应该不是被饶恕，而是有勇气道歉的过程心理带来奇妙的反应。"

"什么过程心理？"

"打开做错事的心结，**放下自我否定、自我定罪和羞耻感吧。**"

7月15日

谢谢你还记得我

"崔西，是你吗？"

"你是？"

"我是阿曼达，我们是小时候的邻居，还在同一个幼儿园上学过，你还记得吗？"

"哦，是你啊，阿曼达，哎呀，这么多年过去了，没想到在这见到你啦。"

"是啊,我也是带孩子来这个游乐场玩,刚才看到你很面熟,想了半天,忽然想起你。"

"哈哈,真好。"

"是啊,这么多年没见,你的笑容还是那么美,你知道吗?当年就是你的笑容让我印象特别深刻。那时候我们都还小,我就记得你当时特别爱笑。有一次我摔倒了,哭得稀里哗啦的,你就过来安慰我,一看你的笑,我就心情好多了。"

"哈哈,我都不记得了,谢谢你还记得我。这么多年我转学很多次,后来出国读书,很多之前的朋友都没联系了,挺遗憾的。最近孩子放暑假,带孩子回国看看父母,没想到会遇见小时候的伙伴,被人记得的感觉真不错。"

在流转的人世,在无形中维系人与人之间念想的可能就是一个不经意的笑容和善意。

7月16日

她比我漂亮，我太生气了

"昨晚舞会上，你说我是不是最漂亮的女生？"

"你啊，还行，不过丽莎比你更漂亮，尤其是她那一身高开衩长裙，太性感了。"

"哼，她比我漂亮，有什么了不起。"

"哎哟，好酸哪，别人比你漂亮你就生气了吗？"

"是又怎么样，我就是不喜欢别人比我漂亮，抢了我的风头。"

"你不是最耀眼的那个就受不了了吗？"

"是的，从小到大我都是最受瞩目的那个，任何人比我更耀眼，我就受不了，我恨不得掐死她。"

嫉妒或因对方比自己强而感到愤恨，或因自己比对方弱而感到羞耻。

如果从小到大，习惯了被关注、被宠溺、被赞美，就会习惯性地认为所有的闪光灯都该是为自己而开，所有的赞美之词都应该属于自己，任何人抢走了这些，就会有种被剥夺感，实际上是误解了所有权的问题，**因为没有人与生俱来具有赞美的所有权**，好像所有人的赞美都该是属于自己的。

嫉妒会催生强大的愤恨和报复心，是种"有毒"的情绪。

7月17日

我不知道我是谁

第一天上班——

"哎，你今天怎么穿长裙了？"

"凡妮莎说我穿长裙好看。"

第二天上班——

"你今天怎么穿的裙子这么短？"

"莎拉说我有大长腿，穿短裙可以发挥优势。"

第三天上班——

"你今天穿裤子啦，怎么不穿裙子啦？"

"昨天裙子太短,被老板骂了。"

第四天没去上班,因为不知道该穿什么衣服了。

如果一个人自我人格很薄弱,就很容易被其他人影响,造成极大的拉扯。

今天这个人对我有这样的评价,我就按照她的评价改变我自己的状态来迎合她。

明天那个人对我有那样的评价,我就按照她的评价改变我自己的状态来迎合她。

第三天,会有第三个人,第四天,会有第四个人……

在这样的拉扯之下,到最后已经不知道自己是谁了。

7月18日

我觉得他生我的气了

"我觉得昨天亚历克斯生我的气了。"

"为什么这么说呢?"

"因为他看见我没跟我打招呼。"

"仅仅因为没打招呼,你就判断他生你的气了?"

"是啊,难道这还不能说明他生我气吗?"

"没打招呼可以有很多原因啊,比如他没看见你,比如他当时正在思考问题没注意到你,比如他当时就算看见你了但没有反应过来是你,比如他当时就是自己心情不好不想打招呼等。"

"我,我还是觉得他生我的气了。"

有些人很有自觉力,有些人很有他觉力。

自觉力是指对自己的身体、心理状态的觉察能力。他觉力是指对他人身体、心理状态的觉察能力。

有些人自觉力很强,很容易觉察到不管是身体感到饥饿、疲惫,还是心里感到委屈、愤怒。有些人他觉力很强,很容易觉察到他人的情绪,是不是生气了,是不是压抑了,是不是不满了。

不管是自觉力,还是他觉力,在觉察之后都会有一个归因的跟随动作:我这样的感觉是因为什么,他那样的感觉是因为什么。**适当的归因可以使两种能力大有裨益**，错误的归因使两种能力都成为负担。

7月19日
又被别人的话击倒了

"昨天闺蜜一句话击中我，我三天没起来床。"

"这么夸张，你闺蜜说啥啦，这么有杀伤力？"

"她说我这个人太自我中心了，每次聊天都霸占话题，不管别人的感受。"

"那你觉得自己是这样的人吗？"

"我也不知道，反正她这么说，我就很难受，几天睡不着，起不来床，没力气。"

在多大程度上保持自己内在的自我认定是合适的？又在多大程度上敞开自己，接受他人反馈的意见和建议，进而改进或改善是合适的？

显而易见，如果完全敞开，没有自我认定，别人对你说什么,你都照单全收,尤其是那些你很看重的重要他人,那你一定会一天被击倒八百次,并且今天往这边倒,明天往那边倒,到最后你都不知道该往哪边倒了。

相反,如果完全封闭,任何人对你说的任何话都无法触及你、触动你、影响你或改变你,你就是认为自己是对的,其他人都是错的,那么你可能在自己的世界里越陷越深,对自己的认知越来越片面,无法从他人角度了解自己、改善自己。

既然两种极端都不理想,那么就涉及中间的平衡态。那么保持开放心态接受他人的反馈和固守自我认定之间如何平衡?

经验角度来说,**保持 70% 左右的自我认定基础可以保持个人内核稳定,给 30% 的开放空间接受他人反馈**,一般不会造成剧烈摇晃或跌倒,又可以不断吸收有益建议,改进自己。

7月20日
我一定要报仇雪恨

"为什么一定要报仇呢?"

"因为他伤害了我。"

"为什么他伤害了你,你就一定要报仇呢?"

"因为不报仇,我心里总觉得过不去。"

"为什么报仇了,心里就过得去了呢?"

"因为报仇了,我和他之间,我就成了那个得胜者。"

被伤害之后,内心受到重压,造成失衡。

失衡之后,就产生了一个极强的驱动力,试图恢复内心的平衡。

恢复内心平衡的自然方式就是从受害者变成施害者。有时候施害的对象就是之前伤害自己的人,有时候施害的对象却是弱小群体。

不管怎样,只要从受害者角色转换到施害者角色,受重压的内心都会借由施害者的优势心理使之前的劣势心理得到再平衡。

问题是,复仇心理的毒素在复仇过程中已经毒害了一个人的认知思维、情绪情感和行为模式。

7月21日
偏见掩盖真相,却固执地认为偏见之所见就是真相

"昨天的学术会议上见到了林教授,和他聊了一会儿,很有收获。"

"林教授?就是宾大心理系的林教授?"

"是啊,就是他。"

"是他啊,这个人真的是特别骄傲,甚至是傲慢,真的很讨厌。"

"哦?有吗?我对他不太了解,但和他聊天的时候,觉得还蛮好的。"

"那是你不了解他,我上次在一个学术会上见到

他，他看都不看我一眼，还粗暴打断我的话，我真是恨死他了。"

"哦，这样啊，那你们有私交吗？"

"没有啊，跟这样的人还要什么私交。"

我们常常会以片面的观察得出对一个人的判断，而且这种观察常常是以自己的主观感受为判断标准的。**尤其是当我们的主观感受受挫时，就倾向于全盘否定一个人**，不管这个人在其他方面是不是也有美善的品性，就认定这个人是不好的。

这就是偏见。

我们却以为偏见就是真相。

7月22日

为什么你们都不听我说话呢

"我太生气了，昨天小组讨论，根本没有人听我说话。"

"什么情况呢？"

"每次我说话，还没说完，就被别人打岔过去了。"

"哦，那每次你说话会说多久呢？"

"说多久？我没注意啊，不管说多久，别人都不应该打岔啊。"

"如果你一直讲，不顾他人的感受，为什么别人就一定要听你说话呢？"

一个人从小到大如果被家人过度关注，就会养成过度关注自己的习惯，好像全世界都应该围着自己转。这样的孩子长大后，在人际关系上就会有很大的麻烦，因为成年人的世界里不是都以你为中心的。

一个人从小到大如果过度关注他人，就会养成忽视自己的习惯，以至于好像自己的想法、感受都是不重要的，别人的想法和感受才是重要的，以至于到成年以后，无法感知自己是谁，不知道如何做自己。

7月23日

换位思考训练法

如果生活中有一位重要他人和你之间始终有无法逾越的隔阂，彼此无法理解对方，你很想解决这个问题，却不知道如何解决，那么你可以尝试这个方法，就是空椅对话。

找一个自己的位置坐下，再将一把椅子摆在你面前，想象那个无法彼此理解的对象就坐在这把椅子上，而且要充分应用你的想象力，把对方坐在那里想象得很真实。

然后，你面对他先把自己的想法和感受和盘托出。讲完之后，就起身坐到对面的椅子上，尝试进入到对方的思想意识中，去体会他的想法和感受，并回应自己刚才的话。

在这样来回更换座椅的过程中，你会神奇地发现，头脑中很自然就会进入到对方的视角体会对方，以对方视角看待问题，以此达成换位思考的效果，或许，你们之间长期的误解就会由此解开。

7月24日
如何有尊严地说"对不起"

说"对不起"常常是在自己做错事或冒犯别人的情况下说的。

既然是做错事或冒犯别人,我们在说"对不起"的时候常常不太有尊严。

但如何有尊严地说"对不起",取决于你如何看待自己。

如果你是常常做错事,被人骂或被人轻视,造成你对自己的评价很低的话,你在说"对不起"的时候就不太能有尊严,甚至可能是低声下气,带有讨好嫌疑地过度道歉。

如果你是常常被人肯定、鼓励、看重、认可的,你看待自己就会是有自尊、自信、自爱的,能够认识到"**我做错事和我是怎样的人是两码事**""**我不需要因为做错事轻看自己**""**也不需要因为做错事委曲求全**""**更不需要因为要道歉就放下尊严**",那么在说"对不起"的时候,就可以仍然保持尊严。

7月25日

我看他,怎么看都不顺眼

"我看他,怎么看都不顺眼。"

"他哪里惹到你了?"

"也没有吧,我们工作上也没有什么交集。"

"那怎么就不顺眼呢?我看他挺好的啊。"

"还挺好?你看他的发型,一看就是花了很多时间苦心搞出来的油头。你看他穿的衣服,都四十来岁了,怎么还穿九分裤呢,装什么年轻啊。你再看他说话的腔调,总是一副文绉绉的样子,还时不时拽几句英文,太能装了。"

"哈哈，其实你误解了，我问过他的，他的头发是油性发质，他什么东西都没用，就那么油。他的穿衣风格可能和他之前在欧洲留学有关。还有他说话夹杂英文，是因为他的中文不太好，他的母语是英文，就是因为加入我们公司，他才努力开始学中文，所以有时候不免有些词不知道用中文怎么说，就自然会夹杂英文，也可以理解吧。"

成年人每天都在以确认偏误的思维方式思考和看待人际关系。一旦设定了一个框架基调，就会选择性地搜集细节信息来支持自己已有的想法或假设的趋势，而忽略与这个假设不符的证据。这是一种归纳推理的系统性错误。

7月26日

我要攒钱去整容

"你说我穿这件衣服好看吗？"

"好看好看,你穿的每件衣服都好看,你都问我八百遍了,到底还能选好吗?"

"你干吗那么不耐烦啊?同学聚会这是多么重要的日子,我打扮打扮怎么啦?"

"同学聚会当然重要,我能理解啊,可是你一年三百六十五天有三百六十天都这么打扮,剩下的五天是不出门的。"

"我就是注重好看怎么啦?"

"你注重好看我也能理解,可问题是每次出去如果别人没有关注到你的精致妆容,没有夸你的衣服穿得好看,回来你就不高兴,要憋闷好几天,还不停和我抱怨,还要花更多钱去买衣服,去买化妆品,你每个月的工资都花在衣服和化妆品上了。"

"嗯,你说得对,我不应该把所有钱都花在衣服和化妆品上,我应该从根本上去改变自己。"

"这就对了嘛,我早就说你抽时间读个学位,提升内在自己,你就不会那么关注自己的外貌了,也不会那么在意别人的眼光了。"

"哦，你误会了，我是说，我要攒钱去整容。"

7月27日

尴尬最可怕

"你和隔壁部门的老王吵过架之后，总感觉你们两个有点别扭。"

"是啊，我也觉得别扭，我们吵过架之后就再也没说过话。"

"你心里还过不去？"

"嗐，哪有什么过不去的事儿啊，就是觉得见面好尴尬啊，尴尬最可怕了。所以每次在走廊或电梯遇到，我都会不自觉地表现出不耐烦和有怨气的样子，其实我心里并没有什么愤怒和怨气，只是觉得为了避免尴尬，总得有一副态度啊。"

"你用不满和怨气的表情掩饰尴尬？"

"是啊，尴尬最可怕。"

7月28日

你真不够朋友

"你真不够朋友!"

"我怎么不够朋友啦?"

"那天半夜给你打电话请你出来喝酒,你都不出来。"

"那天晚上我在医院陪护我妈,她刚手术完,没人照顾。我当时就告诉你了啊!"

"那天晚上一大帮从北京来的朋友,我跟他们隆重介绍你是我最好的哥们,跟他们说只要我一个电话,不管多晚,你都会来。你太让我失望了!"

"嗯,如果你连照顾母亲这样的事情都不能理解,你也很让我失望。这个最好的哥们,不做也罢!"

7月29日

你凭什么指责我

"你这个人也太不靠谱了!"

"我怎么就不靠谱了呢,我还觉得你不靠谱呢!你就凭自己是领导,就可以这么随便指责别人吗?"

"别激动,伙计,我都还没说什么呢,你怎么反应这么大?"

"没说什么?这还叫没说什么,你明明说我不靠谱。"

"是,我说了,因为昨天的重要会议,你不但迟到了,还没有准备说好的演讲,让这个项目的进度严重推后。"

"是,我是迟到了,我也没有准备好演讲,我让项目进度耽搁了,这是我的错,我承认。但你不能说我这个人不靠谱,这属于人身攻击,你知道吗?"

"放轻松,如果你认为我说不靠谱就是人身攻击,那我向你道歉,可以吗?"

"可以，以后说话小心点。"

"嗯，好的，你说得对。你明天也不用来上班了。"

7月30日

我妈就是个牺牲的命

"妈，你怎么哭了？"

"我这一辈子为你们做牛做马，到头来没有一个人感激我，还说我自作自受。"

"妈，谁说你自作自受了？"

"还不是你爸嘛，我忍他的脾气忍了一辈子，他根本就不把我当人看。"

"天哪，有这么严重吗？"

"我恨他，我恨所有人。"

在传统的家庭里，常常有个过度自我牺牲的角色，这个角色可以是妈妈，也可以是爸爸。看上去这种过度自我牺牲的角色为家庭付出很多，甚至从来都没有为自己考虑，一心想着家人。

这个角色会在某个不经意的时刻崩溃。崩溃的表现可能是号啕大哭，可能是罢工不干了，可能是反目成仇。

这个人往往是自己出于环境因素或内在因素，为自己设定了一个自我牺牲的角色，然后机械地遵从这个角色的目标任务不断付出，但在有知觉地体会到自己的过度牺牲并没有收获期待的回报，失望一点一点地累积最终爆发。

这种过度自我牺牲的角色透出一种悲凉。

7月31日

为什么会恨一个人

"我真的很恨那些仗着自己有点职位权力就对人颐指气使或强压别人的人。"

"恨？这么严重？"

"是啊，难道你不恨吗？"

"我是会觉得不舒服，觉得这些人很讨厌，但好像还没有'恨'的感觉。"

"我以前有个领导，就是这种人，仗着自己是总监，有绩效评估的权限，就总是对我们这些下属明里暗里地施压，让我们听他的话，不然年终绩效就是差评，拿不到奖金。关键是他根本不按照工作能力和表现来评估，都是看和他关系好不好。关系好，绩效就好，奖金就高；关系不好，绩效就差，一年白忙活。我那年辛辛苦苦工作一整年，一分奖金没拿到，就因为有一次我和他正面硬刚，说他工作安排不合理，而那个天天拍他马屁，什么活都没怎么干的家伙却拿了个全奖。"

"恨"绝不单单是因为对方是坏人，或坏人做了坏事，而一定是这个坏人做的坏事伤害到了你。

8月
AUGUST
神经科学

8月1日

"患肢"变成"幻肢"

一个人因车祸，右腿受到严重创伤。

经医生评估，需要截肢。

患者当然不愿意，奋力抵抗。就像美剧《豪斯医生》里的情节，豪斯医生无论如何都不愿意截肢。

但坚持一段时间之后，疼痛难忍，甚至威胁生命，不得已最终决定截肢。

本以为截肢之后，就不会痛了。可神奇的事情发生了。

截肢之后，居然还能感受到已经消失的右腿在疼痛。

右腿明明已经不在了，为何还会感到右腿的疼？这简直是天方夜谭。

原来是大脑在欺骗我们。

右腿是不存在了，但传入大脑的神经还在错误传递信号，大脑接收到错误信号就解读为右腿疼痛，临床上称为"幻觉痛",由此,"患肢"变成了"幻肢"。

朋友们,你是否也有一个不再存在的"幻肢"在折磨你呢?

事情已经过去,相关人也不复存在。可对那曾经经历的一切仍耿耿于怀,不愿放过。

出路是:**大脑可以改变解读传入信息的方式。**

8月2日

身体信号错误还是大脑解读错误

工作一天没吃饭,太饿了!遂立下豪言壮语,说:"我能吃下一头牛""快给我叫三份餐""要这个,要那个,我还要再点一份其他的"。

结果,吃了一份半就吃不下去了。心里纳闷:怎么回事,我以为我可以吃掉,怎么只吃了这么点就吃不下了呢?

健身狂人在健身房做了1000个俯卧撑,浑身是汗，口渴难耐，心想：我要喝一大杯冰可乐。

结果，喝完之后没多久，胃肠痉挛拉肚子了，狂泻不止，急性胃肠炎发作。

两个生活事例有一个相似之处，就是身体发出一个信号，或饿或渴，你按照这个信号去回应，结果遭受了不良后果。

这到底是因为身体发出了错误信号，还是**大脑对身体信号进行了错误解读**？

8月3日

变聪明的秘诀

人的认知功能是否强大可以从以下三个方面来看：

第一是**联得来，指能够捕捉事物、概念、场景、关系之间的相似性**，进而触类旁通、融会贯通。如果这种匹配的速度够快，学习效率就会很高。

第二是**分得开，指能够辨别事务、概念、场景、**

关系之间的差异性，哪怕是细微的差别都可以识别出来，进而进行准确分类，打破相似概念带来的混淆，打破类似场景带来的情绪穿越，建立不同类别在大脑认知系统中的分类，进而可以在吸取新知识时更加准确地匹配和定位。

第三是**转得快**，指能够在不同思维任务之间快速**转换**。这种快速转换体现为不会被任何一种认知通路卡住，可以在任何一种思维状态下即时跳脱出来，迅速进入另一种思维方式中。

8月4日

神奇的微动作、微表情

"你说你昨天去参加聚会了，我猜你其实没去。"

"（瞪大眼睛）你怎么知道？"

"因为你在说自己去参加聚会时有一个搓鼻子的小动作，说明你至少没有完全说实话。"

"哎哟，不错嘛，都会读心术啦。我昨天确实没去参加聚会，因为我最近不知为啥，就是不想去人多的地方，觉得很烦很吵。后来我就一个人去喝咖啡了。"

"怎么啦，突然社恐啦？"

"别管我社恐不社恐啦，快说说你读心术哪学的？"

"哈哈哈，有一部美剧叫《别对我说谎》，太好看啦。剧里讲到各种各样的微动作、微表情，教你如何解读内心。"

在微动作、微表情研究中，有个被广泛认同的前提，那就是**人的想法、表情和动作具有内在一致性**。如果不是经过特殊训练，人是无法破坏这种内在一致性的。也就是说，人怎么想，就会体现出怎样的表情和动作。

但语言则不同。语言的高级程度可以打破这种内在一致性，表现出与其他元素都不一样的内容，这个时候，语言就体现出了说谎的迹象。

8月5日
如何让大脑高效休息

"我最近太累了,感觉大脑不停运转,停不下来,就连睡觉时都在各种思维活动,睡醒起来不但没有觉得轻松,反而觉得好累,好像跑了个马拉松。"

"那你就不要想那么多啊!"

"说得容易啊,我就是控制不了自己的大脑啊。"

大脑的工作分为前台工作和后台工作。

前台工作可以认为是意识层面的,后台工作可以认为是无意识层面的。

意识层面的工作只占很小一部分,大部分工作在无意识中进行。

平时,大脑后台的无意识工作无时无刻不在进行着,导致大脑无法得到真正的休息。

如看一处风景,大脑就会在无意识中发生成千上万的联想和级联反应,带出很多过去、现在和将来的连锁反应,造成大脑沉重的负担。

想要关闭大脑后台工作也不难,只要**闭上眼睛,做深慢呼吸,尤其是腹式呼吸,将全部注意力都集中在呼吸"一呼一吸"的节奏上,就可以有效关闭大脑后台工作,让大脑得到真正的休息。**

8月6日

善用"最后期限"激活脑回路

"我的毕业论文下个月就到截止日期了,可我还是动不起来。"

"天哪,你也真行,毕业论文这么大的事情你都拖延到这个份儿上。"

"是啊,没办法。不过通常我都需要等到最后期限才能动起来。"

"你说的最后期限是指?"

"就是如果再不动肯定搞不定的时候。"

有些人拖延很严重,不到最后一刻就是动不起来。

当最后期限来临,一旦动起来就可以非常有效率地完成工作任务、学习任务。

"最后期限"到底怎样激发了大脑,使得原本无比困难的任务瞬间变得好像不再困难了?

首先,**拖延过程中大脑感受到的困难有可能是一种压力造成的错觉**,是大脑通过级联反应在欺骗自己说:"这个任务太难了,任务量太大了,我做不来",所以一拖再拖。

最后期限打破了这个级联反应的关键在于"不管再难,也要动起来了""如果再不动,后果无法承担""不管行不行,先动起来试试看""不管怎么样,我要拼一下""不管怎么难,我要尽最大努力尝试一下,不然后果太严重了""后果马上就要来临了,我不能让这个后果发生,我要全力以赴"。有了这些想法,身体就动起来了。动起来之后,就发现没那么难了,因为一旦面对这个困难,由错觉带来的压力幻想就被打破了。

如果能力是胜任的,执行任务过程中,你会发现任务变得越来越容易，随着任务完成进度提高，大脑的打断声音越来越弱，就可以不受打扰地行动，直到完成任务。

8月7日

你怎么又走神了

"你到底有没有在听我说话呢？"
"啊？哦，有啊，刚才走神了。"
"你怎么总是走神呢？"
"我也不知道，最近的确总是走神，上课也走神，下课才回过神来，也不知道老师讲了什么。"

每个人都有"走神"的时候。"走神"从认知神经科学角度来讲，是大脑的后台工作"抢镜"了前台意识。

大脑的后台工作一般来说是不在意识觉察之下的，

可暂且称之为"无意识"(但不是昏迷状态下所说的失去意识)。在人意志力薄弱的不经意瞬间,前台意识层面就会失去对大脑的控制权,被后台暂时抢镜,进入无意识状态。外在表现为"走神"。

"走神"现象多发,表明意识层面控制力减弱,或表明大脑功能不在最佳状态。

8月8日
害死猫的好奇心到底从何而来

"好奇心"好像是人类的天性。

当然,不同地域的人们好奇心程度略有不同。

从认知神经科学角度来讲,好奇心是如何产生的?

首先,**大脑对某种场景或事件是有基于经验的框架的**,即这种场景或事件在头脑中有一个大概的印象,且这个印象中有基本的要素存在,包括什么样的场景、什么样的人物、什么样的情节、什么样的事件发展趋势等。

在当下事件中，**这个印象框架如果出现某种不同或某种空白，大脑就会很希望弄清楚到底有何不同或填补这个空白**。于是乎，大脑就会发出强烈的电信号和化学信号，指使身体说"你快去看看是怎么回事"。

举例来说，吵架场景。

之前的印象中，吵架应该有至少两个人，而且常常是两个女人。但这次走在路边时，却听到了一个男人和一个女人吵架的声音，大脑立刻产生了好奇感："之前只见过两个女人吵架的场景，还从来没见过一个男人和一个女人吵架是什么情况，走，去看看"。或者走在路边听到的吵架声只有一个女人的声音，一直未闻另一方的声音，也会带来强烈的好奇感："怎么没有对骂的人呢，走，瞧瞧去。"

8月9日

你曾多少次被尚未到来或永不会到来的场景吓破了胆

"这次孩子考试没考好,这可怎么办呢?"

"有什么好担心的,不就是一次考试吗?"

"你知道这次考试有多重要吗,这次考试的成绩要开始纳入到以后申请大学的总体成绩中,而且接下来每次大考、校考的成绩都会记录在案,影响以后的GPA,咱们孩子如果现在考不好,以后估计就没办法申请名牌大学了。咳,别说名校了,就连一般的大学都申请不到可怎么办呢?我们的孩子没有大学上,以后在家啃老,结婚、买房子就要花一大笔钱,把我们啃光了,我们连养老的钱都没有了,怎么办呢?"

按理说,如果有些场景尚未到来或永不会到来,那么应该不会吓到我们。

可是,理性在"恐惧"这种情绪下显得如此不堪一击。明明知道，这件事或场景几乎是不可能发生的，却分明被吓破了胆。这是因为大脑对"恐惧"这种情绪进行了特殊编码，使恐惧可以不由分说地跨越层层理性认知（前额叶皮质）的防线跳出来，发出警报信号给大脑，告诉大脑说"有危险"，由此激活了大脑的生存本能。

生存本能机制的特点就是要把一切负面情况都检测出来，尤其是最糟糕的情况，因为如果把最糟糕的情况漏掉了，就可能一命呜呼了。因此，思维就顺着负性方向一路向下，发生级联反应，直到引发对最糟糕状况的恐慌感，即吓破了胆。

实际上，这一切负面情况的接连发生只是小概率事件，按照概率论来说，基本不会发生。

打破这种级联反应的方法就是让被架空的理性大脑重新恢复掌控权，通过腹式呼吸、蹲起倒数和接地技术激活理性脑。

8月10日
最好的故事永远是没有发生的那个

"我常常想,如果我和当初在大学暗恋的女生在一起会是怎样的画面?"

"我和大学初恋谈恋爱两年,毕业就结婚了,现在觉得有点后悔,结婚太早了。"

"如果我当初选择考研就好了,本科毕业生找工作找不到好的。"

"我当初真的不应该考研,应该毕业就工作,到现在估计已经做总监了。"

"当初找工作有两个选择,一个是国内大厂,一个是国外初创企业。我选了国内大厂,觉得有大厂有保障,现在看来国外初创更有潜力,特别是 AI 领域。"

"当初找工作有两个选择,一个是国内大厂,一个是国外初创企业。我选了国外初创,觉得国外发展更好,现在看来国外初创公司太不稳定,虽然是大火的 AI 领域,但活下来的不多,死了一大片,还是国内大厂稳定。"

所有发生的故事在大脑中都有了痕迹，无法再通过好奇心和新鲜感刺激神经。

没发生的故事在大脑中没有痕迹，却有无限的想象。

想象时，可以将所有美好的印象附加在没有发生的故事里，无限拓展想象的空间。

想象的过程充满新鲜感和刺激感，不断刺激神经，释放出电信号和化学信号，告诉自己说，这才是最好的故事。

最好的故事永远都是没发生的那个。

8月11日

保证书能保证什么呢

"我向你保证，以后再也不发脾气了。"

"我向你保证，以后一定坚持锻炼。"

"我向你保证,接下来把早睡早起作为首要目标和任务。"

"我向你保证,以后每天学十个英语单词。"

"我向你保证,以后再也不吃垃圾食品。"

"保证书"就像"新年决心",有效期不长,短一点一两天或一两周,长一点一两个月,顶多三个月,就基本无效了。

这并不奇怪,因为人类大脑的神经回路就是这样用进废退的。如果不持续强化新的神经通路,那么它就是昙花一现。**保证书可以在大脑刻下多深的印痕,就可以发挥多久的作用**。如果可以通过某种方式持续强化这个印痕,那就可以让它持续发挥功效。比如,把保证书白纸黑字写下来,签字画押,挂在家里的墙上,每天面壁思考,做到了有什么好处,做不到有什么坏处。这样的话,印痕一定很深。

8月12日
"秒懂"到底是什么原理

"我真的不想变得这么冷漠、麻木。可是每天她就用那种犀利的眼神、尖刻的语言,没有分寸地狠戳你的痛点,真是让人受不了。"

"你是说在你们夫妻关系最初的时候并不是这样的一种沟通状态,你也是愿意听她的诉求,对她的诉求也是有反应的,也愿意体贴她的需要。可是,随着岁月的推进,日常生活的琐碎和柴米油盐的凌乱,她开始有越来越多的抱怨,表达开始有越来越多的批评指责,言语、表情中透露出越来越多的不满,给你造成的压力就越来越大。而且当她的表达开始由事及人攻击你人格的弱点时,让你的内心产生了强烈的不适感。这种不适感或许也勾起了你过往尤其是从小到大的成长经历中被父母否定、攻击的痛苦经历,就更加激发了你的痛苦,不自觉开始反击。可是吵来吵去,你发现不但不能解决问题,还让两个人的感情越来越差,甚至走到了婚姻的边缘。为了不让婚姻关系最终破裂，你选择不再回应，渐渐变得麻木。给对方的感觉就是越来越冷漠。"

"（一脸惊愕）你怎么知道？你太厉害了，你从我说的一句话的信息就得出这么长的一连串反应，而且描述得还如此精准。你简直就是秒懂我啊！你是怎么做到的呢？"

一个人的知识体系越完善，越是可以在接收到一个外界信号时，大脑发生一系列自动反应，包括觉察信号、识别信号、理解信号、匹配大脑中已有知识体系中与这个信号相关的知识点储备，将可以匹配到的知识点进行比较分析，找出相似点和不同点，将相似点归在已有类别中，将不同点建立新类别，再把这个新信号放回当下具体场景中理解，并对这个信号做出符合当下场景的反应，这整个过程，大脑可以在不到一秒的时间内完成，这就是"秒懂"的原理。

如果你的知识体系确实达到了这种程度，那么你真的可以秒懂。

大脑在匹配过程中容易发生错配,所以即便你可以秒懂,还是谨慎面对,给错配留有余地和空间,也给旁人对你的秒懂产生嫉妒或厌恶留有空间。

8月13日

同一场景下的错误或遗憾屡次发生

"办公室外面走廊右侧的饮水机坏了,可我总是习惯性地走向右侧的饮水机,直到意识到饮水机坏了,才会转换方向,走向左侧的饮水机。"

"你可以在出办公室的那个场景下,停留一下,给那个场景拍一张大脑图片,存储在你的神经系统里作为一个标记,并在这个标记上添加一个信号,就是'向左转'。那么下次,你再走出办公室,就可以向左转了。"

"真的好用啊,这是什么原理呢?"

如果同一场景下，屡次犯同样的错误，留下同样的遗憾，很可能是因为在犯错误后没有复盘，没给犯错的神经通路打上修订的标记。

人的认知、情绪和行为背后都由大脑神经通路释放的神经电信号和化学信号支撑和驱动。这些神经通路具有惯性特点，即在没有修订的情况下，每种情况都有一个惯性的模式。

当这种模式出现问题，需要修订时，就需要**在问题出现后，以复盘思维顺藤摸瓜，修订神经通路的问题点**，下次面临同样的场景时，这个修订了的标记就会发出提醒信号，让行为有被纠正的可能。

上述场景中，走出办公室的场景是一个关键点，向左转还是向右转，取决于大脑在解读当下场景时是否发生识别、解读、匹配、比对的过程，如果发生了，就可以找到标记的信号，从而发生行为改变，不再犯错误。

8月14日

颜色幻觉

光学三原色是指红、绿、蓝三种颜色的光。光学三原色按一定比例混合可以呈现其他各种颜色。

彩色电视屏幕就是由这红、绿、蓝三种发光的颜色小点组成的。

从光学原理看,只有三种颜色,那么我们看到的其他颜色是幻觉吗?

眼睛看到的其他颜色是原色交互形成的新的色态,人为标定为某种新的颜色,我们称之为"紫色""橙色""黑色""白色",等等。

因此,非原色的其他颜色只是一种视觉可见的呈现状态,就其本质而言,并不存在。

很多时候,我们就活在这种自定义的幻觉里。

8月15日
快乐的感觉和想要快乐的感觉

"我好想快乐起来。"

"你想要的是快乐,还是想要这个'想要'的感觉。"

"你在说什么呢?我听不懂。"

"快乐本身是一回事,想要快乐的这个'想要'的趋向性是另一回事。我们很多时候会混淆这两件事,一个是想要享受快乐的本身,另一个是想要这个'想要'的趋向性过程。"

"那到底有什么区别呢?"

"混淆了这两件事就会造成一个结果,就是错把这个想要的趋向性过程当成快乐本身,把大量的时间、精力、金钱都花在了追求的过程,而快乐本身的结果却一直没有得到。"

大脑奖励机制中的核心物质"多巴胺"有个非常具有迷惑性的特质,就是它所带来的到底是快乐的感觉还是想要快乐的感觉。

很多人误以为"多巴胺"就是让我快乐的灵丹妙药，只要能产生多巴胺，我就快乐。

事实上，最能够刺激大脑分泌多巴胺的毒品，到后来已经无法让人产生快乐的感觉，只是产生追求快乐感觉的动作。可悲的是，本以为这些动作可以产生快乐，但实际上已经根本不会带来快乐，而是消解饥渴。

快乐的感觉是一种满足，而想要快乐的感觉是一种不满足，是一种饥渴状态。

最终，多巴胺带来的是反复做出满足饥渴的动作（如吸毒），却得不到真正的满足和快乐。

8月16日

那些自杀的哲学家们

"我儿子最近开始研究哲学了。"

"哲学？天哪，他才十一岁吗？"

"是啊，实际上他去年就开始对哲学感兴趣了。"

"我听一位心理学家说，孩子太小的时候看哲学不太好，恐怕小小年纪无法承受哲学带来的生命之重。"

大家应该有所耳闻，有些哲学家会以自杀告终。

哲学之所以会把很多人带到自杀的地步，原因很多。一方面是因为哲学的思辨性常常超出人类的思维能力，令人抓狂；另一方面是因为哲学把人的思想提升到一个和现实的柴米油盐相差很远的高度，使得思想悬空，无法脚踏实地，严重脱节了平淡的生活，而**人是需要和生活保持融合度的**。这种严重脱节的悬空感会给人一种幻灭感。

8月17日

常识的好处与坏处

懂得常识有好处，可以省掉很多白费功夫。

太拘泥于常识，也会错过很多创新的机会。

常识的形成是基于多次尝试总结出来的。但如果这个总结的过程不是出于自己，就没有在大脑中留下思考的印记。直接使用他人的成果可以省很多功夫，毕竟他山之石可以攻玉。不过，也错过了自己在体验中取得收获和创新的机会。

8月18日

思考与表达，潜念与专念

"你怎么天天上早班？"

"上早班挺好的呀。"

"年轻人都不愿意上早班，你这么愿意上早班，说明你已经不再年轻了。"

"你敢说我老？"

"哦，不，抱歉，我说错了，我是说你是年轻人中的战斗机。"

通常情况下，你到底是先思考再表达，还是先表达再思考？

大多数情况下，人的表达是自动驾驶状态，**将大脑自动思考的内容表达出来，即潜念。只有在少数情况下会针对要表达的内容进行有意识思考，斟酌之后再表达，即专念。**

俗话说"说话不经大脑"，其实并不准确，因为没有表达是不经大脑的，只是有别于说话背后的是潜念还是专念。

8月19日

所谓的客观事实永远都带有主观色彩

"大学毕业十周年聚会，你去吗？"

"十周年聚会？当然去啦，大学毕业十周年，谁会不去呢！去缅怀一下过去的美好时光。"

"美好？我可不觉得。大学时光对我来说，充满了孤独和惆怅。"

"怎么就孤单和惆怅了呢？我记得你当时不停地谈恋爱啊，身边的姑娘一个接一个，我们这些单身汉都羡慕死了。"

每个人在经历一件事的过程中，都有当下神经焦点带来的选择性关注，造成对同一件事，不同的人在回忆时，有不同的视角和感受。

我们以为自己的大脑记忆可以真实反映客观事实，实际上不能。

不但是在当时经历时，人的视角具有选择性，就是事后回忆，都带有主观构建的成分，以至于记忆无法真实还原事实。

是的，你听得没错，所有的记忆都有主观篡改的成分，以至于记忆都是不完全真实的，甚至在回忆表述的措辞中都会因为主观倾向而带有明显的感情色彩。

也就是说，记忆是在事实基础上由人在回想这部分事实的时候，结合回想这个动作当下的场景要素、认知发展要素、情绪要素而进行的主动构建,也就是**现在的我如何看待过去发生的事情**。

同一件事,每次回想都有可能发生一些细微的变化,因为每次的主观构建都是不同的,甚至有可能同一件事在很多年之后再次回想有了完全不一样的体验和感受。

8月20日

内隐联想和内在投射

"怎么晚上睡觉总是睡不醒呢,早上起床大脑很累,做各种各样的梦。"

"可能是最近工作太忙,事情太多,大脑放松不下来吧。"

"唉,这个脑子干吗那么辛苦啊,停一停、歇一歇不好吗!"

大脑有前台工作，也有后台工作。前台工作是可意识到的，后台工作是无意识的。

在看不见的后台，大脑到底在做什么？大脑的后台工作主要涉及内隐联想和内在投射。

从认知神经科学角度来看，外界信息按照语义关系等要素被储存在大脑中分层组织起来的神经网络上，可以称之为"认知网络系统"。

当大脑接收到一个新信息，就会瞬间激活跟这个新信息相关的认知神经网络中的其他信息链，并对这些信息进行筛选、匹配、鉴别和分类等工作，这些工作就是内隐联想。联想的片段整合起来可以形成一种带有意义的投射印象，称之为内在投射。

内在投射很大程度上基于内隐联想，同时伴有很大的想象空间。这些大脑过程奠定了学习的基础和经验的应用。

8月21日

镜像神经元

人类或许是世界上唯一有能力完全领会他人思想的物种,因为人大脑中有镜像神经元。

镜像神经元的功能就是带来模仿的效果,就像照镜子一样,看到对方做什么,自己就想做什么。

因为有这样的机制在运行,才有心智解读的可能,即当我看到你这样做的时候,我头脑中的镜像神经元就发出信号,让我也想做这个动作。而我做这个动作的时候,大脑就可以解读自己的动作,就像解读对方的动作,进而产生对对方的理解,这就是心智解读。

8月22日

大脑也会"狼来了"

"爸爸出门了,他会不会再也不回来了!"

"妈妈对我大吼大叫,她会不会不爱我了!"

"这次考试失败了,我的人生是不是就毁了!"

"她拒绝我的表白了,我是不是从此再也找不到女朋友了!"

"他和我分手了,我是不是从此孤独终老了!"

大脑对危险情况发出警报以提醒人规避危险,但大脑是否会发出假警报呢?

出于生存模式原则,大脑在遇到危险的时候会发出警报,告诉我们:"快跑!危险!"

但有时候,大脑也会发出假警报。为什么?因为大脑在警报这件事上的原则是:"宁可错杀一万,不要错过一个!"

所以假警报其实每天都在发出,但我们不一定可以识别出。

好处是大脑具有在发出假警报之后重新调定发警报原则的能力,即如果这次发了假警报,那么大脑就收集新的环境参数,设定为"这种情况下次可以发不确定警报",即"小心,看看有没有危险",而不是之前的"快跑，危险！"。

经过多次调整参数，对于假警报的场景大脑最终可以不再发出警报。

8月23日
经验也会出错

"我们今天去吃火锅吧，我知道有家店特别好吃。"

"恕我直言，这家店真的不好吃。"

"是啊，我也觉得不好吃，之前这家店挺好吃的，不知道今天怎么了，好像肉不鲜。"

头脑会骗人是指头脑会放大很多信号，来达成生存本能的需求。

身体很诚实是指身体会根据过往经验给出本能的反应。

但经验会出错，出错的经验需要头脑来矫正。

所以头脑虽然会放大信号，夸大事实，但也能矫正错误的经验,矫正身体的反应。

8月24日
自我保护变成了自我伤害

"对不起,我们分手吧。"
"分手?为什么?我们不是挺好的吗?"
"是挺好的,只是,越是亲密,我就越害怕。"
"害怕?你怕什么呢?你怕我会对你不好吗?"
"我怕我爱上你之后,你却离开我。"

她曾受过伤。这次主动提出分手,是想避免再次受伤。可是分手后,她痛不欲生。

心理防御机制会根据大脑在过往经验的基础上识别到的当下的危险情况而自动运行,看似起到了自我保护的效果,但实际上,大脑在识别危险信号时有可能会有错误识别的情况,造成自动运行的防御机制和我们理性的想法相违背,反而造成了自我伤害。

事实上，这种情况一直在发生，因为大脑识别危险的机制是"宁可错杀一万，也不放过一个"，所以误读和错配时常发生。

8月25日
需求变欲求

"我好想吃汉堡。"
"不吃可以吗？"
"也可以吧。"
"那就是欲求，不是必须的需求。"
"可是，我真的很想吃汉堡啊！"

需求和欲求有几点区别：

需求的满足是刚需，欲求不是。

需求的满足可以延迟，但如果一直不满足，就会出问题。但欲求不满足不会出问题。

需求被正当满足之后，需求不会被强化，而欲求会被强化。

人在满足正当需求时,会在大脑里分泌一定量的多巴胺,让人感觉很好。但如果为了获得这种多巴胺带来的良好感觉,忽略需求本身,单纯为了追求多巴胺效应而过度满足需求,就容易变成欲求。

8月26日
难道"天赋"也可以训练吗

"我天生五音不全,不懂音乐,不会唱歌。"

"我从小就身体协调能力不好,别说跳舞,就连跳操都不会。"

"我数学一直都不好,天生不懂数字。"

"别跟我说画画了,天生不是那块料。"

很多人对自己某方面的能力有固化的认知,觉得自己天生就不适合做某件事,怎么也学不会。

从认知神经科学角度理解,**决定我们在某方面技**

能的天赋水平取决于相应的神经系统敏感性和联动性。

神经系统敏感性是指针对这一领域的技能具备敏锐的感受力和领悟力。

神经系统联动性是指针对这一领域的技能具备训练上手的操作性。

神经系统的这些特性都具有可塑性,一直随着环境的变化而变化的。

如果可以主动创造一个有利的环境不断刺激相关神经,就可以不断刷新神经系统对这个技能的敏感性和联动性,进而提高所谓的天赋水平。

其实,大多数人的努力程度都还远达不到需要用天赋来区分水平高低的程度。

8月27日

投射不同,体验不同

小男孩五岁,很怕黑。

可想而知，如果他一个人走在晚上的林荫道上，恐怕要吓得魂飞魄散。

可如果他很爱他的父母，很信任他们，也知道父母很爱他。在这样的前提条件下，同样是走在晚上漆黑的林荫道上，当爱他的父母走在他的后面，而且是紧跟在他后面，他就可能不再害怕，如果再加上爱他的哥哥姐姐走在他的前面，他就更不害怕，因为前后都有被保护的感觉，很有安全感。他甚至哼着小曲，一步一扭开心不得了。

同一个人对同一个场景，在不同条件下产生了对场景不同的解读，即大脑对场景产生了不同的投射，进而产生不同的体验，不同的体验带来不同的心境。

如果是这样的话，**人生是否也可以通过改变大脑对场景的不同投射从而带来完全不同的人生体验呢？**

8月28日
凭直觉,他应该不是什么好人

"凭直觉,他应该不是什么好人。"
"直觉?还是经验?"
"应该是经验吧。我见过不少这样的男人。"

直觉是在人们不知不觉中发生的,甚至意识层面都不知道直觉是哪里来的。

我们常把直觉看成是一种感觉,但其实,**直觉是经验,是大脑后台把过去的经验整理出来针对当前事件或情境的一种应对。**

大脑的工作模式决定了只给加工结果,不展示加工过程。所以,这个结果是怎么得出来的,意识层面根本不知道。

8月29日

我真不是故意的

"哦,我以为这个座位没人坐,抱歉占了您的座位,我真不是故意的。"

"哦,我以为今天不上学,抱歉迟到了,我真不是故意的。"

"哦,我以为这杯饮料是我点的,抱歉弄错了,我真不是故意的。"

日常生活中 90% 以上的错误都是感知的错误,而不是逻辑的错误。

感知是大脑的后台工作,逻辑是大脑的前台工作。

8月30日

不欢迎你回家蹭饭

"你怎么总是回娘家蹭饭呢?都嫁出去的人了,得有个嫁出去的样儿啊!"

"我带你外孙回来的。"

"哎哟,宝贝,你回来啦,欢迎欢迎,快来,让姥爷看看。唉,我说你带宝贝回来怎么不提前说一声啊,我好给我宝贝外孙准备好吃的啊。我现在就去买菜。"

我们做某件事的意愿都是场景化的,也就是说在某个场景之下我说我想或不想做某件事,换到另外一个场景下,我的意愿可能就发生了180度大转变。

8月31日
我今天要过得比昨天好一点

"想要改变一种行为模式真是太难了!"

"哪里难?"

"我就是想每天早晨早点起来,背背英语单词,可就是起不来床。"

"这个改变太明确了,很容易失败。你可以换一种改变的策略。"

"怎么换?"

"就是早晨起来,告诉自己的大脑说,**我今天要过得比昨天好一点**。"

"这个说法很模糊啊!"

"正是因为这种模糊的指令,才会带来大脑有意识无意识的趋向性,又不会被明确的指令失败打断。"

9月

SEPTEMBER

心理障碍

9月1日

精神病人如何自证清白

精神疾病本身存在的悖论在于：越是说自己没病，就越会被人认为有病。

按照这样的逻辑，精神病人想要证明自己没病，首先需要承认自己有病，躲过一记重剑攻击，之后再想如何脱身。

可是承认自己有病这件事，谈何容易啊！

"有病"这个词已经被足够污名化、妖魔化了，以至于谈"有病"色变，谁都不想和"有病"沾任何边儿。

如果单纯从脱离精神科医生"魔爪"角度来看，不承认自己有病还真行不通，因为**承认有病是恢复"自知力"的表现，是病情好转的重要指标**。医生一听你说"我有病""我确实有病"，那么对你的评估马上标记为"自知力恢复，或部分恢复"。

因此，精神病人要想自证清白，证明自己现在没病，需要承认之前有病，具体参考话术如下：

"亲爱的××医生，在没有来看你之前，我的确思想有点错乱，情绪有点不稳，行为有点不符合常人期待。自从接受你的治疗、吃了你给的药之后，我现在好多了，思想归正、情绪稳定、动力改善，可以学习、可以出门、可以社交，各方面功能都有明显改善。多谢你的悉心治疗！"

××医生一听你如上所述，心里就会开始评估：自知力恢复，药效明显，情绪稳定，动力改善，社会功能基本恢复，可以出院啦！

出院之后，三个月，又不好了！

9月2日

游戏成瘾的罪魁祸首

笔者经过多年研究，发现游戏成瘾背后的罪魁祸首，就是七大感觉。

达成目标的成就感，伙伴组队的联结感，拿下积分的控制感，排名靠前的优越感，自我实现的价值感。除此以外，还有游戏场景设计的新鲜感和互动过程的刺激感。

成就感这件事伴随人生始终。成就感所激发的多巴胺让人有动力想要再来一次。成就感在我们陷入困境和低迷状态时，给人走出困境的力量和勇气，尤其是经过克难制胜所能获得的成就感更强。

联结感是人类社会属性的普遍体现。除了孤独症（也称为自闭症）患者、精神障碍患者，几乎无一例外地，人们需要伙伴、需要倾诉、需要共情、需要心灵共鸣。即便有人说自己不需要，也可能是过去曾经因此受伤而退缩，或者尚未体验过知音带来的心灵共鸣的震撼感。这种联结感需要长期得不到满足可以使人慢慢变得麻木而显得不需要、不重要。

控制感是人最初成长的动力。学会爬行，学会站立，学会走路，学会奔跑，学会抓取，学会搬动，体验四肢和身体带来的控制感，带来探索世界的动力。长大以后，控制感变成了体会肌肉收缩发出的力量，体会大脑思考疏通的数理、道理、情理，体会坚持做一件事达成目标的过程。

优越感是在社会比较中体会到的积极自我评价，由此可以产生能量。但优越感的背后逻辑始终是在与他人比较的基础上建立起来的，始终是有限的。

价值感是基于以上四感的综合自我感受，是一个人安身立命的根基之一。

新鲜感和**刺激感**是不断激发肾上腺素分泌的神经逻辑，有了肾上腺素，才有了激情。激情这件事妙不可言。

找到生活中可以带来七感的活动，就可以逐渐代替游戏。

实际上更能带来七感的是克难制胜的挑战过程。

9月3日

这世界不如我想象

"唉,这个世界怎么是这样的呢?"
"什么样啊?"
"不知道,就是不如我想象。"

很多人抑郁是因为在发生一件事之后觉得:这世界不如我想象。

一直全心认定的信念,因一个人、一件事被冲击,以至于轰然倒塌,土崩瓦解。

无法相信这样的事情会发生,无法理解这个人怎么会如此对我。

内心世界从此不再一样,忽然变得陌生而荒芜。

不知道如何面对一个如此陌生又荒芜的世界!

认知进入失调状态。

失调是指头脑中本来就设定了诸多的条条框框,以为事情应该这样,结果应该那样。但现实并未按照我们头脑中的剧本演绎,而是跳出了剧本路线。

可无奈，人生不如意事十之八九。一次两次不如意，还能忍，可如果经常不如意，无法消解失望、沮丧、挫败的情绪，那么久而久之，就可能陷入强烈的无力感中，进而发生抑郁。

只要在新的剧本路线中找到解释点和合理点，就可以重新调适恢复平衡。

9月4日

抑郁就像病毒，又像防护服

抑郁就像病毒，未必致死，但侵袭力强，迁延不愈，死灰复燃。

更棘手的是还在不断变异，就像抑郁的诱因也是千变万化。先是因为夫妻关系不和，再是因为小孩子读书不好，再后来是失业。本以为自己创业可以大干一场，结果碰上了整顿职场的00后。

抑郁又像防护服，所见之物都隔着防护镜，模模糊糊，所触之物都隔着厚厚的防护手套，几乎没有真实的触感，千言万语压抑在心底，有口说不出。这种与世隔绝的失联感就是抑郁症每年每月每日的真实状态。

很多人认为抑郁就是情绪低落、兴趣减退、动力不足，什么事都不想干，但其实抑郁的核心症状是与世隔绝般的失联感，好像感受不到存在于这个世界。

虽身处汹涌的人群，却孑然一身。

虽走在摩肩接踵的街上，却感觉自己是踽踽独行。

想要打破这种失联感，需要先找回自己，与自己重新联结，才能与世界联结。

9月5日

抑郁不如你想象

"我觉得我抑郁了。"

"你也抑郁了？别凑热闹。人家明星压力大抑郁了，你一个学生能有什么压力，抑郁什么啊？"

千万不要对抑郁症患者说："抑郁症没什么大不了，扛一扛就过去了！"

岂不知有些人扛着扛着撑不住就自杀了。

我们无法想象抑郁症患者正在经历什么，也根本不懂得他岌岌可危的痛苦和绝望。劝他及时就医有效救治才是正解。

"你也抑郁了？哎呦呦，我跟你说，你就不要想那么多，你就该干吗干吗，该工作工作，该生活生活，该锻炼锻炼，一定会好起来了！"

当抑郁症严重到一定程度时，不管再怎么想做，都是"臣妾做不到"，因为内在情绪机能和动力机制已经被破坏。

"你又聪明又漂亮，又有好的工作，又有好的家庭，你还有什么值得抑郁的呢？！"

当事人可能会觉得："我聪明吗？我不觉得。我漂亮吗？我也不觉得。有好的工作和家庭那又怎么样，这一切我都感觉不到，也觉得没有意义。"

"什么？你也得抑郁症？别开玩笑啦！你看看你，整天嘻嘻哈哈的，你怎么会得抑郁症呢！"

抑郁症患者可能把所有的能量都用来强颜欢笑，回到家里就瘫软在床上，连洗漱的力气都没有，第二天也起不来床，没有力量去面对新一天的强颜欢笑。

"什么？高三承受不了压力抑郁了？哎哟哟，这有什么好抑郁的呢？不就是高考吗，考不好再考一年不就好了吗？不要因为这一点点压力就受不了，你也太矫情了！"

抑郁症情绪机能失调，承受压力的能力也会随之下降，哪怕是一点点压力都可以压垮，成为不能承受之重，并不关乎矫情不矫情的问题。

如果你也有类似对抑郁症的误解，请注意：**保持安静的陪伴或许比建议更有效。**

9月6日

"分期付款"思维打破拖延症

拖延症让很多人苦不堪言。拖延的原因有很多，粗略罗列如下：

1. 这件事很难，我做不到或很难做到。

2. 这件事比较新，我还不习惯（大脑通路还没建立习惯）。

3. 这件事比较复杂，我还没找到做这件事的方法。

4. 这件事我不喜欢，不想做 / 这件事不重要，拖一拖没关系。

5. 这件事刚开始做还可以，但过不多久，我就不想再做了（就是无法坚持做一件事）。

6. 这件事不是我想做的，是别人强迫我做的，我不喜欢 / 我不想迫于任何压力做这件事，因为我想做我人生的主人，我想要掌控感，不做这件事就会带给我掌控感。

7. 做这件事需要付代价,我不想付这个代价(体力、金钱、精力、专注力)。

8. 这件事或类似的事情在过去给我留下心理阴影,我有障碍,无法逾越。

9. 我怕这件事我做不好,不敢面对做不好的后果或承担做不好的后果。

10. 这件事很应该做,我也能做到,但我就是不想做到之后让别人受益,因为我不喜欢这个人。

11. 我有其他更想做的事情,做这件事就不能做其他事了(机会成本太大)。

12. 我一个人做事情就觉得没意思,需要有人陪着我一起做(动力不足)。

13. 我对时间的估计不足,常常导致想做的事情拖到最后就没时间做了(时间感不足)。

14. 我很想做这件事,但尚不具备做这件事的条件(金钱、时间、能力)。

15. 我有时候觉得这件事有意义,但有时候又觉得没那么重要的意义(意义感不稳定)。

每个原因都很复杂，但**"分期付款"的思维可以在很多场景下改善拖延问题**。分期付款可以理解为"微目标"，**即一次做一点点，不必一次付清**。

如果是一个新道理，是你从来都没有尝试过的道理，不管再怎么有道理，在你的神经系统里没有通路基础，都只是听听而已。分期付款之所以有效，是因为这种思维已经在人的大脑中有一定的神经通路基础，可以很容易被激活，用来对抗拖延。

9月7日

你怎么那么矫情呢

"哎呀，我这里不舒服，哎哟，我那里痛。"

"哎呀，这里这么脏啊，我受不了啦。"

"哎呀，你这个人怎么这样啊，我受够了。"

人的很多感受都是由外界刺激物和大脑神经细胞中的相应受体结合产生的。

如果受体的敏感度高,那么和刺激物结合之后产生某种感受的能力就高。

如果受体的敏感度低,那么和刺激物结合之后产生某种感受的能力就低。

所谓的"矫情",其实是因为大脑神经细胞的受体敏感度很高,很容易和外界微小的刺激相结合,产生相应的效应,这个效应常常被身体解读为不适感。

大脑神经细胞受体敏感度就是我们通常所说的神经敏感度。神经敏感度自然有遗传基因的因素在,但后天环境刺激的方式和模式也有很大关系。

简单说,我们越是对刺激有回应,这种刺激的敏感度就越强,还会不断升级。

这种不断升级的刺激如果带来积极体验,就会发展成为成瘾的倾向。

9月8日

抑郁症是传染病吗

"你有抑郁症啊,哎哟哟,那我可要离你远一点,我怕被传染。"

"你在说什么呢,抑郁症不传染啊,我看你才有病呢!"

如果说抑郁症是传染病,你一定觉得莫名其妙。

抑郁症看不见摸不着,没有抑郁细菌,也没有抑郁病毒,哪里来的传染性呢!

想想看,如果你在抑郁者身边久了,自己会不会也有点情绪低落,思维消极,兴趣减退。

情绪具有弥散性,所在空间都会弥散你的情绪,可以影响到同一空间里所有的人。更别说还有看不见的磁场效应。

但如果因为你觉得抑郁症具有传染性,就远离抑郁症患者,甚至在语言上会透露出这种嫌弃、摒弃,那就变成了歧视。

如果抑郁具有传染性，那么同样的，快乐也可以传染。

在抑郁症盛行的年代，快乐变得如此昂贵。**如果你有快乐，请尽量传染给别人。**

9月9日

情感淡漠是因为关闭了情绪感受开关

"你这个人情感怎么这么麻木呢，我跟你说我得了抑郁症，你怎么一点反应都没有啊！"

"你要我有什么反应呢，我也不知道得抑郁症是什么体验，我根本无法理解啊。"

"嗯，就算你无法理解抑郁症，那我问你，你上次对别人感同身受，可以感受到对方的情绪和感受是什么时候？"

"我……我，不记得了。"

"你看，还说你不是情感淡漠？"

"但我记得，我从前不是这样的。"

"从前？哪个从前？"

"就是我离婚之前。"

每个人都有情绪感受力。

但如果在成长过程中，这种感受力没有环境刺激、没有得到训练、没有允许表达的空间，就会造成情绪感受力发展受阻或关闭。

还有一种情况就是，本来已经发展出来情绪感受力，但在受到强烈刺激之后，情感的闸门关闭了。心理防御机制决定了在面对强烈或极端场景产生强烈或极端情绪感受时，大脑自动全部关闭或部分关闭情绪感受开关。这种情感隔离可以让当事人在受到创伤的当下被保护，避免过度暴露造成伤害。

这个关闭的动作是不由自主的，是自动发生的。但如果想要重新打开，却需要专业治疗才行。如果没有专业治疗，情感隔离就会一直持续，甚至在需要的时候也无法打开，就会造成情感失能。

9月10日
扣带回切除术可以治愈抑郁症吗

"抑郁症太可怕了,不知道害死了多少人。"

"是啊,每当看到明星因为抑郁症自杀,都觉得好可怕。明星具有曝光度,我们才会知道。可那些普通老百姓,不知道有多少人因为抑郁症自杀了。"

"你说会不会有一种手术,可以把抑郁症一刀切掉呢?"

"胡说八道,抑郁症看不见摸不着,不像癌症那样有实际的病灶,怎么切除呢?难道把脑袋切掉吗?"

有研究理论认为,抑郁症的基本神经原理是负性思维,即对任何事情的反应都是负面悲观的,而负责这部分反应的脑区就是扣带回,那么是不是将扣带回切除就可以打破负性思维,从而疗愈抑郁症呢?

现实情况是,在少数扣带回切除术患者的跟踪随访中发现,他们即便在术后短期内,负性思维明显减轻,抑郁症也随之得到缓解,但过一段时间(长短不等），负性思维可能会再次出现。

研究人员很纳闷，觉得扣带回都切除了，怎么还有负性思维呢？因为负性思维这种神经反应即便不是由扣带回执行，也可以由其他脑区代偿执行。也就是说，如果不改变负性思维，即便没有扣带回，也会有其他脑区代偿执行负性思维的功能。

这个结果给我们重要提示：人的思维模式不仅是脑部功能的体现，同时也是人与环境互动的体现。人与环境互动的过程可以在很大程度上重塑脑区功能。**解决抑郁的根本方法并非切除负性思维脑区，而是打破负性思维模式。**

9月11日

精神病症是缺陷吗

"昨天带孩子去看医生了吗，医生怎么说？"
"医生说是孤独症。"

"孤独症？哦，不太了解，是神经问题吗？"

"目前研究认为是神经发育问题。"

"哦，刚好我最近看了一个关于孤独症的视频，演讲者是一个孤独症患者，他表达一个观点，就是孤独症并不是障碍、疾病或缺陷，而是一种特殊的存在状态。只是这个世界的设计和约定俗成的观念对这些孤独症患者并不友好，让他们很难适应。"

有些人有特殊的病症，比如抑郁症、孤独症、多动症等。很多人会把这些病症看成是一种缺陷，甚至会歧视这些患者。

虽然这些病症让他们在适应环境上有很大的挑战，但同时，他们也展示出常人所没有的优势和特质。

或许，这些所谓的患者并非有缺陷，他们只是在以一种特殊的状态存在于人世。这种特殊状态蕴藏着无限可能。

9月12日
我怎么总是遇到渣男呢

"你怎么哭得这么伤心啊?"

"呜呜呜,我分手了。"

"啊?又分手啦?分了也好,你那个男朋友啊,我总觉得不靠谱。"

"其实他一直出轨,我都原谅他的,最近他开始打我了,我实在受不了了。"

"我记得你的前任男友好像也是这样的啊,又出轨,又暴力。"

"呜呜呜,我怎么总是遇到渣男呢!"

一个人如果在童年时期被很亲近的人不停地伤害,这个人在长大后,就会容忍那些伤害他的人持续留在他的生命中,因为这些伤害他的人反而给他一种莫名其妙的熟悉感和安全感,甚至觉得被人这样虐待才是安全的,觉得"虐待我的人才是爱我的"。这就是童年创伤带来的认知扭曲,进而成为施害者的猎物。

9月13日
到岸和离岸哪个更有意义

"最近在做心理创伤的治疗，治疗师提出了两个概念，一个是到岸，一个是离岸，是说创伤就像记忆大海中的荒岛，被掩埋在记忆深处，一直在回避，不想触碰。但如果始终回避，就无法被疗愈，所以需要抢滩登陆上岸，战胜创伤之后，再离岸。你觉得到岸和离岸哪个更有意义？"

"到岸？离岸？我觉得离岸更有意义吧，因为我理解的是离岸就是治疗好了伤口，可以离开这个创伤的荒岛，开始新生活了。"

"我觉得到岸更有意义，因为到岸需要极大的勇气去面对创伤。当我有勇气去面对的时候，那个我才是最勇敢的，而且面对创伤的过程都是在到岸之后开始的，没有到岸，就没有面对和疗愈。"

心理创伤的治疗理论中有一组重要的概念，就是到岸和离岸。

到岸是指创伤往往存在于脑海深处的荒岛上不被觉察，如果想要治疗创伤，就需要到达这座荒岛，到达这座创伤的荒岛需要敏锐的觉察力和到岸的勇气。实际上，到岸已经是疗愈的一半。

疗愈之后会有离岸，创伤治疗的离岸是指创伤本身已经疗愈，但创伤带来的衍生影响可能还在，需要通过离岸将创伤划过去、翻篇，借此将创伤衍生影响也消除，开始建立新的认知模式和行为习惯。

到岸和离岸相辅相成。到岸更难，也显得更有意义。

9月14日

天才和疯子之间的一线之隔到底在哪里

"你居然可以做出这种事情来，你不是天才，就是疯子。"

"俗话说，天才和疯子之间只有一线之隔，你觉得这一线之隔到底在哪里呢？"

"这一线之隔具体隔在哪里我不知道，但我知道你被隔在了疯子那一边。"

天才和疯子有很多相似之处，比如超前的甚至超越时代的奇思妙想，不按套路出牌的行为逻辑，让人意想不到的情绪发作等。

虽然天才和疯子有很多相似之处，但他们还是会有不同，这种不同有时候只是一线之隔。隔就隔在在特定文化背景下，你在多大程度上愿意符合大众对你的期待。

天才之所以被认定为天才，就是他不但有特别之处，还符合大众对一个人才的期待。

疯子之所以被认定为疯子，就是因为虽然他有过人之处，但其行为模式偏离了或严重偏离了大众对他的期待范围，让人很难接受，甚至产生厌恶感。

不过，有些天才在他所在的时代无法被认可，死后百年，才声名远扬。

9月15日

我一定会把输的钱赢回来的

"你别玩了,都输了那么多了,赶紧走吧,别再来赌场了。"

"不行,我一定会把输的钱赢回来的。"

赌桌上的赌徒常有"永远不服输"的精神,好像永远可以把输的钱赢回来,不管已经输了多少,只要有人愿意支援一下就可以翻本。平时不见得这个人有多少信心,有多少自我效能感,但在赌桌上却出奇地自信,自我效能感出奇地高。

这种心理永远是高估自己的能力,低估客观的因素。看上去很奇怪。

其实也不奇怪,因为这样的时刻,**赌徒的大脑认知已经在管状视野中**,眼中只有赢钱二字,无法用理性思考,甚至处在一种病理性激情中,极易冲动,事后后悔。

9月16日

头发已经很少了,不要再拔了

"你的头发怎么秃了一块?"

"看得出来吗?唉,太丢人了,我以为看不出来。是我自己拔的。"

"干吗拔自己头发呢?"

"我也不知道,反正一焦虑,就想拔自己的头发。"

"拔头发有什么感觉,对你的焦虑有帮助吗?"

"这种感觉很难描述,就是挺爽的。我觉得自己已经成瘾了。"

有些人因为精神压力或心理障碍会拔自己的头发。拔之前紧张不已,拔之后浑身舒爽。拔着拔着,所剩无几,又欲罢不能,成瘾一般。其实,拔头发也是人体肌肉强烈收缩之后再舒张,带来释放和放松感的过程。

同理,**渐进式肌肉放松法**也可以带来类似效果,虽然缺少了刺痛感产生内啡肽的化学原理,但单单是肌肉的强烈收缩再舒张所带来的放松感也会让人感觉非常舒服。

渐进式肌肉放松法相比之下的好处就是可以保住所剩不多的头发。

9月17日

每个人都可能成为成瘾者

"你怎么每天都去打高尔夫啊?"

"高尔夫太好玩了,一天不玩就难受。"

"你怎么每天都去健身房啊?"

"是啊,不但每天去,而且在健身房可以练八小时,不练浑身难受。"

"你又在学一门外语吗?这已经是第几门了?"

"第十七门,没办法,一发不可收,停都停不住。"

"你又在购物啦?"

"是啊,每天要是不花几千块购物,就好像活着没意思。"

成瘾这件事的基本原理就是，当你做一件事，给你带来快感、爽感之后，你想要让这种快感、爽感反复甚至持续发生，你就反复做这个行为，以至于大脑在这件事的行为过程中产生了过量的多巴胺，并逐渐适应了这个多巴胺浓度，一旦减少或停止这种行为，多巴胺分泌减少了，身体就不舒服了。

由此可见，任何事都可以成为成瘾行为，就看你好哪一口儿。

9月18日

一朝被蛇咬，十年怕井绳

"我再也不坐过山车了，上次坐过山车把我吓得半死。"

"说不定，你再坐一次，就不害怕了呢？"

"我再也不吃冰淇淋了，上次吃了冰淇淋拉肚子痛死我啦。"

"上次你吃冰淇淋的时候是冬天，现在是夏天。"

"我再也不谈恋爱了，我再也不爱了，不敢爱了，太痛啦。"

"上次你遇到的是渣男，你还没有跟非渣男谈过恋爱吧！"

一次受伤之后，大脑就会把这个受伤行为标记为危险信号，等下次再遇到，就会逃命似地跑开，这是生存本能决定的，也是创伤的常见反应。

这种反应常有场景错配的情况，即把不是危险的情况认定为危险，不必逃避的时候却逃避，造成社会功能受损。

9月19日

恐阳、恐艾、恐癌

新冠疫情防控政策改变后，很多城市开放通行，随即开始有人群感染新冠的现象，很多人就开始恐慌，担心"我会不会'阳'""我会不会死"。

这时大脑就会开始发生级联反应。

级联反应就是把一件本来可能性不大的事一级一级放大，无限放大，不但放大事件严重性，还会把放大的后果当成事实，大脑就会因此发出强烈的危险信号，身体随即发生恐慌。

同样的道理，还有恐艾和恐癌。

恐艾就是恐惧艾滋病，天天担心自己是不是得了艾滋病，整天焦虑；恐癌就是担心得了癌症，大限将至。有些人得的癌症根本不致死，却被癌症吓死了，心态崩了。

这些都是大脑级联反应的后果。**如果你对大脑级联反应有意识有觉察，就可以有效打破级联反应。**

9月20日
"毁灭美好"是因为受伤了

"你看新闻了吗,美国一所小学,有人用枪滥杀无辜的小孩子。"

"我真搞不懂,这些人脑子有毛病吗?干吗要伤害小孩子呢?"

很多人不理解为什么要伤害无辜的小孩子。

当一个人被不公正对待、心理自尊严重受伤之后,内心就会发生失衡。一种严重失衡的内心本质是体验到了无力、失控、软弱,进而产生强烈的冲动,就是想要体验自己的有力、控制和强大,来重获内心的平衡。

要想体验这种有力、控制和强大,就只能针对弱小的群体,那么小孩子就成了被伤害的对象。

在伤害小孩子的过程中,施害者再次体会到了自己的有力、控制和强大,才能修复极度受伤的内心,让失衡重新恢复平衡。

9月21日

你怎么总是洗手呢

"你怎么总是洗手呢?"

"手脏啊。"

"可是你每次洗手都要两个小时,多么脏的手需要洗两个小时呢?"

"如果不洗两小时,我就觉得洗不干净。"

洁癖是强迫症的一种表现,是指需要反复、过度清洁身体某个部位或家里某个地方,才能获得内心的安稳。

强迫还可以有其他各种各样的表现,比如,反复检查煤气、门窗是否关闭,反复计算回家走路的步数、反复归正书边和桌边是否呈平行关系、反复修正所发信息的措辞以致无法最终定稿、反复向街边水果摊老板道歉每天一百遍等。

强迫症患者有很强的神经病理性机制存在,但也能从他们的强迫行为中捕捉到一些心理逻辑的蛛丝马迹，比如想要过度负责的心理、想要千真万确的确定、有过高道德标准、有非黑即白的非理性认知、有将事物之间以谬误逻辑进行牵强过度联系的心理逻辑等。

还有一些强迫症患者可能有受过创伤的前因，比如被猥亵之后，就发展出了洁癖，因为总觉得自己身体脏。

9月22日

就那一次，我就成了酒鬼

"你这是经过了多少酒精考验才变成如此这般的酒鬼啊？"

"说出来你可能不信，大学之前我不喝酒的，上大学后参加一次大学的派对，就那一次喝酒之后，我就对酒欲罢不能了。"

"怎么可能呢，人家都是喝酒很多年之后，才形成酒瘾，你这一次就欲罢不能了吗？"

"是啊，没办法，天分太足了，我爷爷和我爸爸都有酒瘾，喝了一辈子酒，估计我的饮酒基因早就蠢蠢欲动了。"

酒瘾或其他瘾都有遗传因素影响，有些人遗传因素小，有些人遗传因素强。

如果你不知道自己在哪方面遗传因素强，对于有成瘾风险的事物需要有风险意识，最好敬而远之。

9月23日

这孩子怎么总是做这个动作呢

"你的儿子很喜欢这个玩具啊，一直在玩。"

"嗯，他不一定是喜欢，只是觉得熟悉吧。你看他，一直在反复做同一个动作玩这个玩具。"

"是啊，反复做同一个动作，这表示什么呢？"

"我听医生说，这叫刻板动作，**孤独症的孩子通过**

刻板动作获得一种预见感和控制感,这是他们获得安全感的重要方式。"

"哦,唉,带一个孤独症的孩子真不容易,需要学习体会他们与众不同的内心世界。"

"是的,他们的内心世界有着与众不同的秩序感,但他们不知道如何表达自己。可当你走进去,有时候会被他们微小的情愫震撼到,会发现他们其实不是病了,只是与我们不同。"

9月24日

你怎么这么偏执啊

"你这个人太偏执了,不但固守自己的偏见,还对他人的想法如此无法接受,甚至要攻击那些和你有不一样想法的人。"

"你觉得我偏执,我觉得你愚蠢,连这么简单的事情都看不明白，像你这样的人活着就是浪费地球资源。"

"你居然如此无视他人的感受，会说出这样的话。我忽然明白为什么会有像希特勒这样的人了，他们可以为了自己的一己偏见，去杀戮一个民族。"

"你看希特勒是如此的片面，再次印证了我对你的看法，就是愚蠢。"

"你应该知道希特勒是怎么死的，他的偏执无法持续下去的时候，他无法接受现实，就会自杀而死。"

9月25日

你太宅了

"你多少天没出门了？"

"不记得了，估计有两个月了吧。"

"你也太宅了，你在家待这么久不出门，不难受吗？"

"不难受啊，只要有外卖和游戏，我可以一辈子不出门。"

"你需要的不只是外卖和游戏,你还需要与人交流互动啊。"

"嗯,你说得对,所以我还有网盘。"

根据成瘾研究,有三种人格特点最容易形成成瘾问题,分别是孤独人格、依赖人格和变态人格。

孤独人格是指与生俱来就非常孤僻,不喜与人交流互动,如果不得不与人交流,会显得非常不安、不适。如果没有现实层面的人际交流互动来刺激大脑神经,就需要以网络虚拟形式获得刺激,那么就会对网络游戏、色情素材等产生欲罢不能的依附,进而发生成瘾。

依赖人格中的不安全感常需要成瘾行为来缓解;变态人格中理性自控和常理认知的缺乏会带来成瘾行为的失控。

9月26日

我没救了

"你就这么喝下去吗?"

"不然呢?"

"戒酒啊!"

"你以为我还有希望吗?"

"当然有啊,为什么没有呢?"

"我尝试戒过很多次,都失败了。"

"你之前戒都是自助,现在要寻求专业帮助。"

"再专业的人也帮不了我。"

"就是因为你有这种绝望,才好不起来。"

"就是因为好不起来,我才绝望。"

哈佛大学研究认为,**成瘾者康复最大的障碍是无望感。**

9月27日

何为精神虐待

"你怎么还不做饭？现在都几点了？"

"哦，我肚子不舒服，我休息一下马上就做饭。"

"你肚子不舒服就可以不做饭吗？你知不知道我上一天班很累的？"

"好，我马上就做。"

"你连饭都做不了，要你还有什么用呢？我养你干吗？"

精神虐待有很多不同的表现形式，其中核心的特点包括指使做事、无理支配，伴随贬低、攻击人格，并对其处境和痛苦表现出漠不关心的冷漠和无情等。

9月28日

凡是让你爽的东西，最后几乎都会让你痛

"这个冰镇可乐太爽了。"

"喝完你肚子痛了。"

"指着老板鼻子骂真是太爽了。"

"嗯，第二天你就被开除了。"

"上周辅导作业骂孩子骂得痛快吗？"

"当时痛快了，孩子之后就不再理我了。"

"昨天你又去见那个有妇之夫啦？"

"是，不过被他老婆发现了，我被他老婆砍了三刀，现在住院中。"

9月29日

你不喜欢他，为什么和他发生性关系呢

"昨晚你去哪里了？"

"我……"

"你是不是和那个男的在一起了?"

"我……"

"你明明不喜欢他,为什么还和他在一起呢?"

"我也不知道,可能有一种熟悉的感觉吧。"

"你就为了一点熟悉的感觉就跟他上床吗?"

"是……是的,我也不知道自己为什么会这么做。"

有一种边缘型人格障碍患者在极度缺乏安全感的前提下,会通过性关系获得一种熟悉的感觉或安全感,甚至这种性行为令其丝毫感觉不到享受,反而是一种厌恶和痛苦,也要为了一点安全感出卖自己的身体。

这种性行为的属性跟强迫症相似,即过程很痛苦,但好像为了某个效果或结果,不得不忍受这个痛苦的过程。

9月30日

自我价值感是一剂良药

"我好无力啊!"

"无力的根源常常是自我价值感低。"

"无力怎么会和自我价值感有关呢?"

"无力的背后首先是要么觉得自己没能力,要么觉得有能力也无济于事。"

"是啊,说得对啊,那这和自我价值感有什么关系呢?"

"觉得没能力的背后常常是自己价值感低,一个自我价值感较好的人很少觉得没能力,因为总可以做点事情,发挥能力,看到点效果。就算对一件事真的是无能为力,无济于事,一个自我价值感较好的人会觉得无济于事又怎么样、无能为力又怎么样,事情归事情,我还是我。"

"有道理。可是,我怎样才可以建立自我价值感呢?"

"自我价值感有两条腿,一条腿是无条件被爱的关系,另一条腿是自我努力和努力达成成效之间的逻辑认知。"

10月

OCTOBER

社会心理

10月1日
26 ℃到底冷不冷

前段时间上海降温,由36 ℃陡降到26 ℃。

早晨出去锻炼之前,太太对先生说:"今天很冷,你多穿一件衣服。"

先生就多穿了一件衣服出去锻炼身体。结果,锻炼回来满头大汗。

先生就对太太说:"你骗人!今天根本就不冷。"

太太说:"我哪有骗人,我今天出去冻得直哆嗦。"

先生说:"你就是骗人,你看我,热得满头大汗。"

到底什么是事实?同样是26 ℃的客观事实,却带给人不同的主观感受。

如果把主观感受当成客观事实强加给别人,会如何?

如果误以为主观感受就是客观事实,会给人与人的沟通带来怎样的错位效果?

如果意识到主观感受不代表客观事实,那么在向他人表述时,会有怎样不同的措辞?

这种不同的表达会给人与人的沟通带来怎样的积极空间?

10月2日
你和马斯克之间只隔六个人

社会心理学认为,你和任何一位陌生人之间只隔六个人的距离。

你想见微软总裁比尔·盖茨吗?中间只隔六个人。

你想见马云吗?中间只隔六个人。

你想见刘德华吗?中间只隔六个人。

你想见马斯克吗?只需要联系六个人就可以和马斯克产生某种联系。

很多人会疑惑说:"我就算联系了六个人也联系不上马斯克,这是怎么回事呢?"这里说的六个人并非任何六个人,而是精准的六个人,即如果你可以精准找到这六个人,就可以联系上任何你想要联系的人。

是否可以精准找到这六个人?不一定。

10月3日

你会这样想,很正常

"你可以考虑把每个月吃吃喝喝的钱省一点出来去健身房办张卡。"

"办健身卡?用吃吃喝喝的钱?你疯了吧!健身有啥用呢?还不如吃喝到嘴里来得实在。"

"健身可以改善身体状况,提升身体素质,还可以改善情绪,提升心理动力和效能感。"

"啥是效能感,能当饭吃吗?我还不如吃点好吃的能让我开心。"

"嗯,你会这样想,很正常!"

生活中有时会遇到一些人,因不同的教育背景、不同的生活环境、不同的人生经历和不同的认知理念,他和你很难在一个问题上达成一致。

可让人无奈的是,有些人在这样的场景下总要面红耳赤地争辩出个是非对错。

其实,**每个人都可以有自己的观点和看法,不管这个观点和看法在我们自己看来多么荒谬,对方会这样想一定有他的道理。**

这是一种降维回应。并非觉得自己优越,只是我们不同而已。

10月4日

先贴标签,再相处

"听说你昨天聚会认识了新朋友。"

"是啊,不过我没打算和他深交。"

"为什么呢?"

"我也不知道,反正他这个人一看就觉得城府太深,我不喜欢和城府太深的人打交道。"

请回想一下，当你第一次认识一个人，你是会先和他相处，再对他进行评价，还是在看见他的那一刻，你就开始运用自己过去的人生经验对这个人进行评判了，贴上各种各样的标签，然后再和对方相处。

相处之后，更多是验证标签，还是打破标签？

大脑先按照已经登记在记忆中的信息对对方进行归类。这个类别在大脑中之前已经有比较刻板的印象，一旦被归到特定类别中，我们就会按照这个类别的特点看待眼前这位新朋友。在后续沟通互动中发现了对方具有不属于这个类别的特点，或许还可以修正标签，但事实情况是很多人不愿意修正标签，而是继续用刻板印象看待。

这种归类不准确的情况就是大脑的类别错配现象，会造成对彼此关系的误解，给人际关系带来压力。

要想避免这种误解，就需要有意识地觉察这种错配并及时打破错配。

10月5日
好的拒绝方式是换个方式接受

"周六出来聚聚吧,好久没见了。"

"哎呦,真不巧,这个周六确实事前有安排了,无法赴约,你看我们下个周六约如何?刚好我最近发觉了一个好去处,带你去看看。"

被拒绝总是让人觉得不舒服。**想要拒绝别人,又不想让对方觉得不舒服,可以考虑换一种方式来接受。**

其实约到下周六就是换一个时间接受,会让对方觉得你不来并非因为不喜欢他或对他不感兴趣,而是确实时间不凑巧。

当他人对自己造成伤害时,请断然拒绝。

10月6日

这个秘密我只跟你一个人分享

"亲爱的,跟你说个秘密,我只跟你一个人分享,你可千万别跟别人说"。

"好的,说吧,放心。"

隔日。

"昨天刚从我的闺蜜那听说一个八卦消息,我只跟你一个人分享,你可千万别跟别人说。"

"好的,说吧,放心。我不会跟别人说的。"

再隔日。

"昨天刚从我的闺蜜那听说一个八卦消息,我只跟你一个人分享,你可千万别跟别人说。"

"好的,说吧,放心。你还不了解我嘛,嘴很严的。"

再再隔日。

所有人都知道了这个秘密。

10月7日

羡慕眼光中的投射欺骗

"她怎么那么漂亮啊！我要是有她十分之一漂亮就好啦！"

"他怎么那么成功啊，我要是像他一样就生活无忧啦！"

"他怎么那么淡定啊，好像什么事都不着急，都搞得定！太厉害了！"

"他真是天生的学霸，我太嫉妒他了，他以后一定可以考上名校！"

看某人有某方面的过人之处，如果自己不具备这个过人之处，尤其是自己在这方面很缺乏时，就会放大他人的这个过人之处，就会觉得这个人太厉害了，浑身都发光的感觉，变成了发光体，什么都好，甚至这个人不可能有什么不好。

有这些想法是因为自己头脑中将他人的这个过人之处设置成了一个神经焦点，成为一种可发生辐射效应的焦点，和这个过人之处相关的美好品格都不知不觉参与了投射效应，即**大脑针对这个过人之处进行级联反应，无限放大，产生"晕轮效应"**，就是整个人都发光的感觉。

这种投射出来的晕轮其实并不存在，只存在于你的想象里而已。

10月8日

非零和博弈

"你怎么还没有让你的孩子上重点高中呢？"

"重点高中压力太大了，我怕孩子承受不了。"

"哎呀呀，你怎么想得这么狭隘呢？你不知道现在竞争多激烈吗？是你死我活的竞争啊，你不竞争，输了就是死。"

在竞争无处不在的时代，不知不觉就被灌输了输赢的概念,"你输了,我赢了",这就是努力竞争想要的结果。

可是,这真的就是我们那么努力想要的结果吗?

是不是也可以"我赢了,你也赢了",或者"你赢了,我也赢了"。

竞争这件事从孩子就开始了。不能输在起跑线上。要力争上游,要争第一,第二都没有机会。在这样的竞争意识中,已经很难建立"非零和博弈"思维了。

很多事情,并非只有输赢两种情况,并不是想要成功,就一定要有人失败,想要赢,就一定要有人输才行,而是可以双赢。

从孩子的教育开始,和别人竞争貌似就埋下了"祸根",无法接受失败,无法接受输给别人,无法接受自己没有赢,因为担心自己一旦输了,就在生死较量中"死"去了。

10月9日
我只是下了点笨功夫而已

"听说你最近又写了一本书?"
"是啊,下笔如有神,一个月搞定了。"
"这么厉害?找人代写的吧。"
"听说你读书很快?"
"是啊,一年五百本。"
"五百本?你开玩笑吧,读这么快能读出个啥来?再说了,你太卷了,社会风气就是被你这种人带坏了,大家躺平不是挺好的嘛!"

你很努力做一件事,尤其是做成功时,在头脑中常常会觉得自己,"嗯,真牛"。

每当在人前提到这件事时,都带着无比自豪的心情,豪言自己如何如何努力,如何如何取得成绩,如何如何了不起,内心期待得到他人的认可。

其实,他人可能永远无法与我们在同一频道上共鸣。

我们自认为的一切在他人看来都可能是错位的理解。

从内心来讲,如果我们真的认为自己已经很了不起了,就真的很难再突破自己了。

其实,我们只是下了点笨功夫而已。

10月10日

"喜欢"的反面未必是"不喜欢",而是"不了解"

"公司聚餐,你作为新同事怎么也不参加呢?"

"哦,不好意思,我那天刚好有事。"

"真的有事吗?"

"哈哈哈,被你看穿了。其实,我来公司一个月,觉得挺难融入的,甚至觉得大家不太喜欢我。"

"不喜欢你?何出此言啊。喜欢的反面未必是不喜欢,而是不了解。给大家机会多了解你啊。"

在人际交往中，发现对方没有表现出喜欢我们的迹象，就会很容易认为对方是不喜欢自己。

其实，**喜欢的反面不一定是不喜欢，而是不了解。**

如果有机会更多彼此了解，有机会向对方展示我们的幽默、我们的善良、我们的同理心，或许就有了更多的了解，也有了喜欢的可能。

10月11日

我爸是李刚

"你好，你闯红灯了，行驶证、驾驶证出示一下？"

"警察同志，通融一下，我有急事。"

"有急事也不可以闯红灯啊！"

"警察同志，我是李副市长的秘书，这是我的身份证件，麻烦通融一下。"

"抱歉，不管是谁，闯红灯都需要按章处理。"

"你需要我给你们交通局长打个电话吗？"

一句"我爸是李刚"火遍了大江南北，一个叫李刚的公职人员的儿子违章后，嚣张叫嚣说自己的爸爸是李刚，一位很有权力的公职人员。这句叫嚣的言外之意就是，就因为我爸是李刚，所以我犯法，你们也不能拿我怎么样。这个社会有太多被社会权力冲昏头脑的"李刚"和"李刚"的儿子。

"社会权力"是指一个人被社会职位赋予的动用资源、指使人力或做有影响力决定的权力。人一旦有了社会权力，对自我的看待就会发生微妙的变化，甚至他身边的家人都会觉得自己不一样了，有鸡犬升天的感觉。

这种权力是社会职位赋予的，并非是人与生俱来的。

可悲的是，人会混淆自己本有的权力和职位赋予的权力，将被赋予的权力视为己有。失去权力时，重新面对赤裸裸的自己，已经面目全非。

10月12日
不公正待遇下的冤屈

"这个学校太差了,怎么可以在晚上十点半还安排课呢?我睡眠不好,一旦过了晚上十点,我大脑就不转了。"

"十点半还上课?那确实有点晚。"

"哦,不是十点半,是九点开始上课,到十点半结束。"

"那每门课都是这个时间吗?"

"哦,也不是,只有这一门,其他的时间还可以。"

"嗯,那他们有没有说如果这个时间上不了课,是否可以有其他方法应对?"

"哦,有说,如果不能现场上课,可以课后看录播,写感想文章就可以。"

"那听上去好像还挺合理的。"

在世生活,总会遇到不公平不公正的事情,你是否会愤愤不平?你会如何面对自己的冤屈?持续愤愤不平但压抑着？持续愤愤不平，并找另外一种方式宣泄？还是找到不公平、不公正的源头，凭一己之力力挽狂澜？

如果这所有的方式对你来说都不奏效或不实际可行，那么可以尝试改变认知。

人之所以会觉得不公平、不公正，是因为在头脑中先有了公平和公正的定义和标准。

这种定义和标准是人际关系横断面的定义和标准。

当我们将这种横断面的定义和标准放置在每个人的纵向主观处境中，即在每个人的出身背景、成长环境、经历事件以及最近的生活动态等因素加持之下，就会发现每个人眼中的公平公正都不一样。

10月13日

当众做俯卧撑是更多还是更少

你尝试过在公共场合做俯卧撑吗？

想象一下，如果在公共场合做俯卧撑，你会比平时不在公共场合做得更多，还是做得更少？还是根本不敢做？

一个人在公共场合做俯卧撑，如果会担心别人用什么眼光看自己，心想"他们会不会觉得我是疯子""觉得我脑子有问题""会不会把我当成精神病送精神病院"，那么这时候，公共场合对这个人来说就是一种**社会抑制效应**，阻碍了做俯卧撑这件事。

后来发现，就算你在公共场合做俯卧撑，很多时候也根本没有人关注，你就更大胆了，在咖啡厅、在快餐厅、在商场、在马路上、在天桥上、在地铁站、在飞机场各种公共场合尝试。不但如此，陆陆续续还有旁人被你感染，跟你一起做起了俯卧撑，你忽然觉得这件事很有意义，可以带动他人锻炼，你就更有热情了，做俯卧撑更来劲了，这时公共场合对你来说就变成了**社会促进效应**，促进了做俯卧撑这件事。

你是更多感受到社会促进，还是社会抑制？

10月14日

都怪大环境不好

"唉,最近两年生意太差了,都怪大环境不好!"

"是啊,大环境确实不好。"

"我听说你那边还行啊,今年收入还有一个小目标吗?"

"差不多,不过还是比之前少很多。"

"你可以啊,这种经济大环境,你还能搞一个小目标,你怎么做到的啊?"

"虽然经济环境确实不好,但好与不好都是机遇。"

经济环境对生意的影响是显而易见的,但在经济环境不好时,总还是有人可以赚钱。

同样的,环境对人的影响也是显而易见的,但确实因人而异。

好的环境可以造就人,比如音乐之都维也纳塑造了诸多音乐天才;也可以误导人,比如富不过三代;坏的环境可以破坏人,比如教育内卷带来的压力型创伤综合征；也可以造就人，比如使人生发突破环境限制的勇气，时势造英雄。

10月15日
没有任何一种动物会笑

"我怎么从来没看见过任何动物会笑呢！"

"因为没有任何一种动物会笑，只有人会笑。"

"只有人会笑？真的假的？"

"不知道真假，反正我也没看见过任何动物会笑的。"

"那不是很神奇，只有人类会笑，那笑一定代表特别的意义，更高级的意义。如果人不笑，就好像少了一点'人性'的感觉。"

"**笑是一种情绪表达方式，也是人与人交流的方式。**这说明人类的交流方式比动物更丰富？"

"这也说明人类的思想更复杂，表达交流难度更大。"

"我还听说，动物中只有人类在同类之间的交流上有可能达到完全理解对方的程度。"

"可是，人与人之间却又那么容易彼此误解，彼此伤害。难道这种更高级更丰富的表达方式反倒害了我们？"

10月16日

我们的配合太默契了

"昨天那场篮球赛太爽了。"

"你们都输了，还爽吗？"

"爽，因为我们打得很精彩，而且配合很默契。输了也爽。"

你可能以为只有那些满足自己需求的活动才会激活大脑的奖赏系统，释放多巴胺，带来愉悦感。但社会心理学研究显示，**当人与人之间相互合作，尤其是**

配合默契，会极大激活大脑的奖赏系统，带来愉悦感。

比如，在篮球或足球比赛中默契的配合赢得比赛，外科手术中医生与医生、医生与护士之间默契的配合带来手术的成功，一场无须太多言语就可以被对方秒懂的对话等。

10月17日
人类四大本能动机

你是否听说过人类四大本能动机"4F"，即 fighting、fleeing、feeding 和 fooling around。

fighting 可以理解为"战斗动作"，包括对抗、反抗、攻击、抗争、争取和努力达成目标等含义；fleeing 可以理解为"逃离动作"，包括回避、退缩、逃跑、逃离、放弃达成目标等含义；feeding 可以理解为"填喂动作"，包括吃喝、睡觉、性爱等满足基本需求的动作；fooling around 可以理解为"娱乐动作"，包括放松、休闲、娱乐、享受等愉悦自己的动作。

四大本能看上去很有道理，但这些本能都可以成为陷阱。

对抗是针对那些需要对抗的事物，但如果对抗的是不该对抗而是该拥抱的事物呢？比如亲密关系。逃跑是针对那些对我们有危险的境况，但如果我们逃离的是我们不该逃跑，应该勇敢面对的境况呢？比如困难和挑战。喂养是指针对我们的需求去满足，但如果我们在满足正当需求的同时，不小心喂养了我们的欲望呢？娱乐本身有益于身心健康，但如果娱乐至死呢？

10月18日

天气变热之后，你为何还穿着外套

"今天升温了，都快30℃了，你怎么还穿外套啊？"

"是啊,今天的确很热,我没注意,就习惯性地穿了外套。"

"那你不热吗?"

"你要是不问,我真的没意识到热,你这么一问,我真觉得挺热的。"

"那如果我今天不问,你会不会明天还穿外套呢?"

"很有可能。"

"那你穿到什么时候才会主动意识到不需要再穿外套了呢?"

"我也不知道,等到大家都不穿外套的时候吧。"

很多人的思维都是自动驾驶状态,即不会主动觉察身边环境条件的变化,进而根据变化了的环境条件对自己做出调整,就更别说在环境变化之前,自己主动做出预判性的调整。

这种自动驾驶思维只有在环境出现明显变化,即"大家都不再穿外套"时,才会意识到环境条件变了,我也应该变了。

这种自动驾驶思维带来的后知后觉现象不但常常让人错失先机，更会让人的滞后反应带来不良后果。

10月19日

这真的是我吗

"这个自画像一点都不像我啊？你这是怎么画的呢？这真的是我吗？"

"让我看看。哎，这不挺像你的吗？"

"这哪里像我啦，我的眼睛有这么小吗，我的鼻子有这么扁吗，我的嘴巴有这么长吗？"

"好吧，那我再给你画一张。"

"这就对啦，这张才像我嘛。"

自画像拿回家给老婆看。

"老婆，你看，我在外面找人给我画了一张自画像。"

"这一点也不像你啊。你的眼睛有这么大吗？你的鼻子有这么挺吗，你的嘴巴有这么小吗？"

10月20日
别人不了解我，我却很了解别人

"你的观点总是和别人不一样啊。"

"嗯，你才发现啊，我早就发现了，而且我意识到我永远无法期待被别人了解和理解。"

"不过你给老李的点评倒是头头是道啊。"

"那当然，甚至可以说我比他自己还了解他。"

"哈哈哈，真不敢相信，他昨天说了和你同样的话。"

有一种认知不对称叫作**社交认知不对称，意思是觉得没有谁很了解我，也没有谁可以理解我，但我却比别人自己更了解他们。**

这种认知不对称时时处处存在，却很少被人觉察。

10月21日

学习到底是为了什么

"妈,你天天逼着我学习,学习到底是为了什么?"
"废话,学习当然是为了考上好大学啦。"
"考上好大学又是为了什么呢?"
"为了以后能找到好工作啊。"
"那找到好工作又是为了什么呢?"
"为了好生活啊。"
"难道好生活只有这一条出路吗?"

对学习意义的理解是单一思维还是多维思维,决定了学习的动力、热情和心态。

学习是为了训练思维方式,一种好的思维方式可以让人受益终生。

学习是为了体验克难制胜的过程,不让困难吓倒,从而获得自我效能感。

学习是为了体验通过努力达成目标的过程,进而体验一种成就感和价值感。

学习是为了在尽力却无法达成目标之后，训练耐受挫败的承受力。

学习是为了在优秀的朋辈竞争中训练管理压力的能力，同时训练共赢思维。

学习是为了训练如何与人交流、训练人际关系技能，找到志同道合的伙伴。

学习是为了认知这个世界，从而认知自己。

10月22日

你是专才，还是人才

"马云真的很厉害，当年可以说是非常有远见卓识，打开中国互联网行业的新世界。"

"马云的厉害不仅是他的专业能力，更重要的是他可以让那么多人在没有成功保障的前提下，仍然愿意投入自己的时间、精力和资源，这个能力可不是专业能力，而是一种人格魅力。"

"那你说到底专业能力重要,还是人格魅力重要?"

专业能力可以帮助我们在某个专业领域应用专业知识解决问题,这种专业能力达到极高的水平,可以称之为天才,典型代表比如中国的"水哥"、北大的"韦神"。我们通常称之为"专才"。

人格魅力可以通过人际吸引力招聚志同道合的伙伴建立关系,打造联盟,共同实现目标,如马云、马斯克都能有效地组织起了一群天才在一起做事,成就大业。我们通常称之为"人才"。

专才多是一个人做事,人才多是一群人做事。

解决问题是暂时的,建立关系是长久的。

专才如果没有人际人脉资源,单枪匹马恐怕走不长远。

人才如果只懂人,不懂专业,恐怕也会缺乏专业判断。

发展专才和人才需要不同的脑神经回路,恐难两全。但可以有主次。

真正厉害的人是具备多条发达的脑神经回路，且来回转换自如。

10月23日

要尊重本能召唤，再贵也要买

"哇哦，你这个包很漂亮啊！多少钱啊？"

"哈哈哈，我就说嘛，当我看到它的那一眼，我就无法自控地被抓住了眼球，再也放不下了。"

"快说多少钱？"

"三万八。"

"三万八？你疯了吧你，这么贵！你小半年的工资没啦。"

"是很贵，的确很贵很贵。可是没办法，我要尊重本能召唤，再贵也要买。"

所谓"本能"，有人会界定为在某种场景下的第一反应，包括想法反应、情绪反应和行为反应等。这种界定并未清楚展示"本能"作为内在需求本身和这种内在需求带来的外在反应之间的区别。

人类需要的自我满足听上去无可厚非,但满足的方式有待考究,尤其是需要变欲求之后,则要考虑外在法律和内在道德的限定。

由此说来,所谓的本能其实可以有不同层面的界定。

第一层面,原始存在且与生俱来的内在需求,比如吃喝拉撒。

第二层面,在人类社会发展过程中增加的内在欲求,比如吃好的、喝好的。

第三层面,这种需求或欲求在某种场景下的条件反射式的反应,带有社会属性,比如看到别人吃的喝的自己也想要。

第四层面,使用理性对这种条件反射及反映出来的内在信号(需求或欲求)进行评估,并在评估基础上给出回应内在信号的方式,比如从别人手中抢夺那个吃的喝的。

第一个层面，听上去更像是人类本能，而后三个层面，更像是人类长期与社会环境互动发展出来的反应，且带有明显的社会认知成分，那么能否以文明、有礼、有德的方式回应内在信号就属于社会规范范畴。

10月24日
被质疑之下仍可以超常发挥

"你今天的演讲真是太精彩了！给你点一个大大的赞！"

"谢谢啊，我也很享受演讲的过程。"

"尤其是你被台下观众质疑之后，仍然可以淡定自若，如此丝滑地接续话题，毫无违和感，真是太牛了，你是怎么做到不受影响的呢？"

"嗯，我也说不好，就是沉浸在自己的思路里吧。"

被他人质疑时，人会很自然地产生负面的心理状态,影响当下的表现和发挥。这种影响的大小取决于**这个人内心对自己有多大程度的接纳、自信和认定**,也取决于当下状况下这个人**对任务有多大程度的专注、沉浸和契合度。**

如果一个人内心已经对自己不接纳,那么他人的质疑就会和自己内在的不接纳产生里应外合的共振效应,这种共振就会造成很大的冲击力。在这种冲击力之下,谁都很难稳住自己。

相反,如果这个人内心对自己有十足的把握、自信和接纳,也和当前任务有很多的契合度,那么他人外在的攻击就无法和内在产生共振效应,不会造成强力的冲击感,甚至可以在自我意识层面,迅速捕捉到内在可调整的部分,实施调整后,迅速提升状态,进而提升表现和发挥,甚至超常发挥。

10月25日
你不是一个人在战斗

"这次团体治疗让我感受到很大的力量,我整个人的状态都好很多。"

"真好,你觉得这个力量是怎么发生的呢?"

"我也说不好,不过当我看到团体里其他人的分享中也有和我类似的经历时,我就觉得自己不是一个人在战斗。"

"You are not alone""你不是一个人在战斗",这句话不管是在英文语境中,还是在中文语境中都会给人带来一种联结感和力量感,因为知道有人与你并肩作战。

团体动力激发出来的联结感和力量感可以让你在困境中产生面对困难的勇气,突破自己的有限和局限,进而产生希望感。

10月26日

下班后八小时

"你怎么每天都背着健身包来上班?"

"哦,下班后我会去健身房。"

"上班都那么辛苦了,下班后还要去健身房?"

"哈哈,是的,对我来说,下班后,生活才刚开始。"

"那你去完健身房还干吗?"

"健身之后,头脑很好用,我就去学一小时法语课,再去法语餐厅做服务生三个小时。"

"天哪,你还去打零工?会不会太辛苦了。"

"不会啊,上课学的法语可以在餐厅练习使用,我觉得很舒服,很充实,还可以增加收入。"

"你的生活确实很丰富,但也很辛苦,晚上会多睡一会儿吧?"

"还好,我晚上正常睡,早晨起得比较早?"

"你几点起床呢?"

"一般来说四点起床,如果起不来,就多睡会儿。"

"你怎么起那么早?"

"早上是头脑最清醒的时刻,可以复习一下法语,也可以读读书、写写作什么的。"

"天哪,你一天做这么多事情,难道真的不累吗?"

"我觉得只要喜欢,就还好,不会很累,就算偶尔累了,补补觉,休息休息、放松放松之后,还是会这样生活。对我来说,这就是一种很舒服的生活状态。"

"你的目标是什么?"

"等我攒够了钱,就去环球旅行,最后定居在法国,享受生活。"

10月27日

午夜梦回,你打电话给谁

"如果你有一天半夜忽然莫名其妙地醒来,辗转反侧很久之后,终于意识到自己睡不着了,这时,你有没有一个人，不管是家人亲人，还是朋友，让你可以肆无忌惮给他打电话，聊天半小时一个小时，把你近期所有的不愉快都吐槽个痛快，然后你就可以心满意足地再睡过去？"

"（想了半天）好像真不知道打给谁！"

"如果你有人可以打这个电话，那么你的幸福感会明显提升。"

哈佛大学关于幸福感的心理学研究试验，通过询问被试午夜梦回睡不着，是否有人可以毫无顾虑地打电话，来判断你是否有莫逆之交，可以很放心地打扰，进而判断你的幸福感指数。

如果你有这样一个人，那么你的幸福感指数就会大幅提升。

如果你还没有这样一个人，就请先做这样一个人，接受别人的午夜电话。

10月28日

今天太倒霉了

"老公,我今天出门车子跟人发生了擦碰。唉,太倒霉了。"

"碰得厉害吗?"

"还行,不是很厉害,就是郁闷啊。修车也麻烦。"

"谁的责任呢?"

"旁边的车变道过来我没看见,追了上去,交警定责说我追尾。"

"碰得不厉害就感恩吧。你开车一年了,一直都平安无事,其实已经很感恩了。"

面对幸运,人更容易感恩,还是面对不幸,人更容易抱怨?

10月29日
我跟你很熟吗

"老王,请你帮个忙,我刚好有个项目在投标,我听说你和招标公司的老板很熟,帮我打声招呼,事后必有重谢。"

"你是哪位啊?"

"是我啊,老王,你不记得啦,我们上个月在张总的饭局上见过面的,我还敬了你一杯酒呢!"

"我跟你很熟吗?"

每个人与其他人相处时,都在无形中展示他认为的自己与对方的角色关系,而这种角色关系不一定被对方认同。

10月30日

有口头馋是件幸福的事儿

"我对吃的从来没有什么喜好和偏好,也很少说很想吃什么,吃不到不罢休。但每次我觉得抑郁的时候,都想吃一点东北纯正的豆面卷儿。"

"豆面卷儿?就是驴打滚吗?"

"好像不太一样,驴打滚是北京的吧,和东北的不太一样。纯正的豆面卷儿有一种特别的儿时味道。"

"嗯,还好,你还有点想吃的东西,就怕你抑郁起来,什么都不想吃。"

"是啊,有口头馋是件幸福的事儿!"

10月31日

我们从来都不是旁观者

"你听说了吗,今天在商场,有人从七楼跳下去,当场死了。"

"是意外吗?"

"好像不是,有目击者说他当时在那里待了很久,后来自己爬上栏杆跳下去的,应该是自杀。"

"不知道是因为感情问题,还是经济问题,还是其他什么事!"

"唉,之前听说这些事都没什么感觉的,总觉得那是别人的事,直到我的感情和经济先后都出了问题,我才终于明白那些自杀的人,他们该是经历了怎样的痛苦和绝望,才走到那一步。如果有机会和他聊聊,或许可以挽回一条生命。"

初听不知曲中意,再听已是曲中人。

我们从来都不是旁观者。

11月

NOVEMBER

社会热点

11月1日

我已经回不到初心了

"让孩子学习到底是为了什么呢?"

"当然是为了孩子学习成才,以后有好的生活啊!"

"那如果学习的过程不但阻碍了孩子真正成才,带着苦毒的心也不会有好生活,那还要学习吗?"

"创业是为了什么呢?"

"当然是为了赚钱养家,也是为了造福人民,为了扬名立万。"

"那如果创业的过程你根本顾不上家,甚至丢了家,创业的产品不但没有造福人民,还害了人民,创业的方式不但没有扬名立万,还让你臭名昭著,那这个业你还创吗?"

"结婚是为了什么呢?"

"结婚还不是为了生命有分享,爱情有结晶,馨香有传承。"

"嗯,那如果夫妻关系常常冷战,没有分享,爱情的结晶也是如此这般不争气，传承的不是馨香，而是仇恨与苦毒，那结婚的初心还在吗？"

"回到初心"这个表达在一段时间里非常流行。

可到底什么是"初心"？初心可以理解为最初为着某件事、某个纯粹的梦想而单纯努力的状态，不被世俗杂念所扰。梦想可能被世俗卷入了，可能被功利心带走了，可能人心不古了，可能物是人非了。

初心，带着纯粹的梦想，单纯的努力，不高的期待，显得格外美好。

初心，也是触及生命真谛最原始的方式之一。

11月2日

人生不如意事十之八九

"心理学家说要让孩子练习掌控感，可以有效减轻焦虑。"

"可是，掌控感这件事太难了，我们大人都知道，人生不如意事十之八九，哪有那么多掌控感给你啊！"

"嗯，也是。那我们在成人世界的大人们可怎么办呢，这么多的不如意，天天焦虑。"

心理学理论认为，人越有掌控感，焦虑感就会越小，因为很多时候焦虑是对事情没有把握所造成的。

听上去很有道理，可现实情况是，哪里去找掌控感呢？在人生不如意事十之八九的现实情况下，到哪里去找掌控感呢？

其实，提升掌控感，降低焦虑感，这只是第一阶段，尤其是对尚未入世的青少年和青年来说，非常有效。但对于成年人来说，不但要学习提升掌控感来暂时缓解焦虑这个初阶课，还要学会高阶课，就是**耐受失控感，即心里知道这不是我能掌控的，我就接受失控感，遂将焦虑感打败。**

但请注意，**耐受不是麻木。**

11月3日

我们是如何对痛苦上瘾的

"你怎么还不跟你那个渣男男朋友分手呢?他对你这么不好,还总打你,你怎么就狠不下心呢!"

"我可能是受虐成瘾吧,反正就是离不开他。"

"孩子,你不是受虐成瘾,你是心理依赖。"

"成瘾?依赖?有什么区别呢?"

"成瘾是指喜欢这个人到疯狂的地步,无法自拔。依赖是指无法想象自己离开这个人,很害怕自己离开这个人的后果。"

对心理痛苦的上瘾不是上瘾,而是依赖。

身体痛苦成瘾是可以理解的,因为痛苦会刺激大脑分泌内啡肽,产生快感。但对心理痛苦上瘾或许就没那么好理解。有一种解释是说如果心理痛苦会让当事人觉得熟悉,甚至觉得有安全感和归属感,那么就对这种痛苦的感觉很放不下,成为一种依赖。

但请注意,这里的放不下是一种依赖,而不是上瘾。

依赖可以通过训练独立摆脱,成瘾恐怕因其深层次的病理性而很难简单摆脱。

11月4日
咖啡馆没有服务员,只有咖啡师

"哎,你去喝咖啡,走的时候怎么还把咖啡杯自己拿到垃圾桶呢?不是有服务员吗?"

"哦,举手之劳嘛。"

"你去喝咖啡,在那里消费,你应该享受他们的清洁服务。"

"可是,其实咖啡馆没有服务员,只有咖啡师。而且,我们的消费只是咖啡的钱啊。"

去咖啡馆喝咖啡,喝完之后离开前,大多数人不会把垃圾扔进垃圾桶,因为觉得自己作为顾客来店里喝咖啡,享受服务是应该的,所以把垃圾扔进垃圾桶不是自己的责任。

但其实，很多咖啡馆并没有服务员，只有咖啡师。

而且，人与人之间所谓的责任限定在认知上只需知道，但在行动上操练承担更多责任却是一种修行。

11月5日

一个男人宣称改变性别后去了女洗手间上厕所

"你一个大男人，怎么来女厕所大小便呢，我要向学校举报你！"

"我已经向学校报备了，从这个学期开始，我是社会属性的女生了。虽然我还是男人的身体，但我觉得我是女生，这是我的权利。"

"你有病吧，你认为你是女生，你就可以来上女厕所吗？那我们这些真正的女生的权益如何保护？"

"那我不管，反正我从今年开始选择自己是女生，如果学校不赋予我做女生的权利,我就起诉学校。"

"那如果你明年觉得自己又是男生了,那是不是你又要去男厕所了呢?"

"是的,就是这样。"

一个社会的民主是既可以顾及个人权益,也可以顾及群体权益,而个人权益和群体权益常常是冲突的,这就决定了**真正的民主自由是相对性的,而不是绝对性的**。这个相对性就体现在保全个体利益和群体利益之间的平衡。

11月6日

辅导作业鸡飞狗跳的爸爸接到老板电话

"你怎么连这么简单的数学题都不会做呢?"

"这哪里简单啦,这道题明明就是很难啊。"

"好,就算它难,我记得我已经给你讲过很多次了，你怎么还是不会做呢？"

"你哪里给我讲过很多次啦，我怎么一次都不记得呢？"

"我的天哪，我真想打你啊，我昨天还给你讲过呢！"

这时，爸爸的手机响起，老板来电话了。爸爸立马接起电话，和颜悦色地说：

"老板，你好啊，有什么指示啊？"

不写作业，父慈子孝，一写作业，鸡飞狗跳。

可是鸡飞狗跳之时，如果老板来电话，父亲是会继续鸡飞狗跳地责骂孩子，还是会立马改成和颜悦色的态度和老板沟通？

孩子控制不了冲动半夜偷偷玩游戏被父亲发现，父亲气势汹汹地推开门，眼神尽显杀气，孩子是否会放下继续玩游戏的冲动？

爸爸控制不住自己的冲动打麻将到半夜不回家，如果这时突然接到消息说自己的父母生病了，那么是否就可以放下麻将去照顾父母呢？

这几个场景元素的变化给我们一个重要提醒：**我们对场景和人物关系的认知状态决定情绪状态**，当场景要素和人物要素发生变化，情绪就会发生迅速变化，行为也会随之发生变化。

11月7日

我的怜悯之心跑哪儿去了

"你干吗给那个乞丐钱呢？"

"看他那么可怜，就给点吧。"

"给什么给啊，你不知道这些乞丐都是骗子吗？他们白天乞讨，晚上拿着乞讨的钱就去吃喝快乐了。"

"哦？是吗？我不知道，我也不想知道。我只知道不能让自己怜悯人的心泯灭。"

怜悯之心可以是本性使然，出生即有，也可以是后天培养，在生长环境中孕育。

重点是，即便是本性使然的怜悯之心都可以在后天的环境互动中变化，或保持甚至增强，或渐渐泯灭。

11月8日
逆行者的品格

"你打包行李要去哪啊？"

"我要去汶川，看看有什么可以做的事情。"

"哎呀，汶川太危险了，刚刚发生八级地震，余震都还没有停止呢！"

"就是因为危险才要去，我不能坐在这袖手旁观。"

新冠疫情、汶川地震、前线战争，这些重大事件都带有危险性。

在这种危险事件中，总有人逆流而上，将自己置于最危险的前线阵地。

如果是工作人员，自我身份角色决定了不得已的责任，可以理解。但也有人并没有不得已的身份角色，自己却主动迎上去。

到底是什么可以让人置危险于不顾,勇往直前,义无反顾?

或许是因为在他们心中,有比生命更重要的东西,比如荣耀、尊严、人道主义、怜悯之心、恩慈之心、良善之举,还有对责任意识的深刻忠诚、对身份使命的自我召唤、对生命意义的深度探索和追求。

11月9日

成年还是成人

"太棒啦!我明天就十八岁了。爸妈,明天给我一千块钱,我要和我的朋友们去酒吧喝酒,玩个痛快。"

"去酒吧可以。不过去酒吧之前,你先去打工,把喝酒钱挣回来吧。"

"什么?打工?我为什么要打工?过去不都是你们

给我钱吗？"

"过去你没满十八岁，父母给你钱是尽抚养的责任。现在你满十八岁了，需要、可以、也应该自力更生，为自己负责了。"

"啊？这样啊！早知道这样，我宁可不要成年。"

在中国，十八岁就成年了。但很多人十八岁却未成人。

一个人成年很容易，到了十八岁，按照法律就成年了，但要成人，却需要具备一些能力。

成人的能力具体包括生活自理能力、社会交际能力、专注学习能力、调动内在动力的能力、通过努力达成目标的能力、管理情绪的能力、管理钱财的能力、自食其力养活自己的能力、从错误实践中吸取教训的能力，还需要具备一定的共情能力来处理人际关系等。

按照这样的标准，恐怕我们很多人的成人年龄都会推迟五到十年。

11月10日

三十年后的确定死亡日还是可长可短的不限期死亡日

关于死期,你有两个选择。

一个是三十年后确定的死亡日期,另一个是随时可能发生的不确定的死亡日期。你选哪个?

如果你选三十年,你可能会好好规划余生,不虚此行。

但也有可能觉得三十年太遥远,该虚度就虚度,该荒废就荒废。

如果你选随时可能发生的死亡日期,也可能会有两种反应表现,一种是反正随时可能会死,就醉生梦死及时行乐吧,另一种是每天用最大的努力拥抱生活,每天都活得精彩。

不管哪种选择,**对死亡的思考都让你会更清醒地选择如何活着。**

俗话说:不知死,焉知生!

11月11日
三十岁的你如何忠于自己

近几年,中国一线城市出现教育的"内卷"浪潮。

从孩子不能输在起跑线上开始,小学就开始层层加码,各种补习班,各种兴趣特长班,各种竞赛技能班,各种头部大学竞争的奋力厮杀,各种出国留学计划风起云涌。

家长为了能够给孩子足够的资源支撑,更是各种比拼学区房,各种拼命赚大钱,各种前赴后继。

在这狂卷的浪潮中,不管是家长还是孩子,都不知不觉被卷入其中,以致好像失去了自己本来的持守,失去了本来的平心静气,失去了原本的家庭和睦,失去了最初的童真烂漫。

还没有成年,却先"成人"了。

各种外在的看似懂事和入流,内在却是各种迷失和迷茫。

到了三十岁,父母的接续力量已经消失殆尽,自己在社会中已经初尝潜规则的痛苦历练，想要在无情的竞争中找到一席之地，却发现如此艰难。

更让人绝望的是，想回头，已找不到自己！

11月12日
你的身段是否只是突出的腰椎间盘

"明天有空吗？出来聚聚？"

"明天要去医院检查一下身体，我这腰椎间盘总是不舒服。"

"啊？你这么年轻，就有腰椎间盘的问题了吗？"

"哎呀，不年轻了，四十岁开始，各种毛病都来了。"

人年纪大了，就容易出现腰椎间盘突出的问题。

可是，腰椎间盘问题不只跟年龄有关，还和生活习惯、缺乏锻炼有关。尤其是缺乏锻炼。

不锻炼身体，迟早会出问题。

每个人当下呈现的状态就是经年累月的状态不知不觉累积后的综合体现。

就好像每个人脸上都会因为经常做某个表情而经年累月造成表情肌肉的定型。这种定型在当事人没有做任何表情时都可以看到端倪。

所谓"相由心生"。

11月13日

遗弃、抛弃、放弃之间,再回首如何分辨

"你当年放弃了出国的机会,会不会觉得遗憾?"

"你当年抛妻弃子,跟小三寻找幸福生活,到如今找到了吗?"

"你们当年在我那么小的时候遗弃我,把我像没有生命的玩偶一样丢掉,你们的良心不会受到谴责吗?"

放弃的对象一般是指机会、资源或关系。

抛弃的对象一般是指家庭或配偶连带孩子。

遗弃的对象一般是指幼小的婴儿或孩子。

针对对象不同，伴随的感情也有所不同。

遗弃的动作从外人看来更多带有负面的道德色彩。

抛弃的动作可被动可主动，伴随的情感色彩也多为负面，纠结、挣扎，也有不得已的无奈。少数会有"义正词严"的坦荡。

放弃的动作更多带有主动色彩，是经过理性思考之后的决定，不一定伴随负面的情感色彩。如果有，可能是无奈。

遗弃、抛弃、放弃，哪种"弃"更让你想要重拾回来，因此自从"弃"的那一刻，你的生命从未完整过。

11月14日

幸福在哪里

"你看过那部经典电影《当幸福来敲门》吗？"

"嗯看过啊，怎么啦？"

"我还是没想明白，这部电影到底在说幸福是会来主动敲门的呢？还是要追求的呢？"

"我觉得这部电影的中文名翻译得不好，幸福来敲门给人的感觉好像是幸福会主动找上门来，但其实幸福是需要主动寻求和缔造的。"

曾经全国人民都在关注一个话题，什么是幸福。

有人说幸福是寻找到的，有人说幸福是创造出来的。

两种说法代表两种不同的视角。寻找幸福的说法好像幸福是一种像物质一样的存在，找到它你就幸福了。创造幸福的说法好像幸福是一种存在的状态，是需要用努力去突破、去达成、去实现、去创造的，去体会一个追求的过程。

11月15日

坚持自我是坚持对的事还是坚持不愿意否定自己

"你为什么就不能改变一下想法呢?"

"从开始到现在,我一直坚守自己的想法。"

"如果这个想法已经不适用了,那么坚守的意义何在?"

"如果我不再坚守我的想法,那我还是谁呢?"

很多人会宣称"我一直在坚持自己",听上去很有气魄。但其实他的坚持有可能是因为不愿意否定自己。因为一旦否定自己,就好像找不到自己了。他把这种想法和自己的身份感仅仅绑定在一起。

如果一个人可以不惜否定自己而坚持做对的事情,坚持对的原则,这是心智成熟的重要标志。

11月16日
磨了这么久的好事居然不是好事

"你追了她这么久，会有结果吗？"

"我也不知道会不会有结果，但我知道，好事多磨。"

"可是，如果有一天追到手了，发现她并不像你想象的那样，会如何？"

"也没关系，追的过程，我会找到我自己。"

好事多磨是指一件好事往往要经历很多波折甚至挫败，最终才能达成。

这个说法的前提是你确定是好事，但如果你并不确定是好事，你还愿意多磨吗？

你更看重的是成就好事的结果，还是成就好事的过程？

其实在最终成就之前，谁知道是不是好事呢？变数很大，捉摸不定。

那么如果不确定是不是好事，是不是就不值得磨了？

其实，磨的过程才是真正的好事，因为磨的过程使心智更新、内心成长。

战胜敌人不是最重要的，重要的是战胜自己的内心。

11月17日

要幸运，还是要倒霉

两种选择：在人生大事上倒霉，在小事上走运；在很多小事上倒霉，但在人生大事上走运。你会选哪个？

好像哪个都不想选，想选大事小事都走运。

可是，现实中没有这个选项。

或许倒霉也可以有收获，走运也可以有错失。

如果可以在倒霉事件上看到更多收获的益处，在走运事件上看到更多的错失，那或许倒霉和走运都变得不那么重要了，因为心态平和了。

11月18日
如何懂得人情，却不让自己变得世故

"哎呀，你这孩子怎么一点人情世故都不懂呢？让你拿点礼品到老师家看望一下怎么就不愿意去呢？"

"我可以去，也可以带着礼品去，但不是在考试前，而是在考试后。"

"考试后还有什么用啊？就是要在考试前去，让老师关照你啊！"

"考试前去有贿赂之嫌，考试后去纯粹是感谢。我懂人情，但我不想变得世故。"

中国有个成语叫作"人情世故"，其中的人情是指人与人之间相处涉及的一些约定俗成的规则和理念，而世故是指因了解人情而有的反应，这种反应暗含着贬义，好像为了达到某种效果故意而为之，缺少了一些真诚和真实。

有些人不懂人情,自然不懂世故。

有些人懂人情,也很世故。

有些人懂人情,更懂如何不让自己变得世故。

11月19日
以成败论英雄的时代

"如果这次项目没成功,那我们就全失败了,一整年的功夫就都白费了。"

"我不觉得啊,就算最终没有成功,我们这一年梳理出来的工作流程,团队成员彼此磨合带来的默契,向着目标奋进的心气和斗志,都很宝贵啊。"

"可是,市场不看这些的。"

"市场不看这些没关系,我们要看,因为这是长远发展更有利的资源。"

以成败论英雄的年代,成王败寇的原理被越来多的人所认同。

以成败的结果看待付出的努力，那恐怕很多时候都会觉得挫败，甚至会觉得失控，因为结果往往不在掌控之中。

如果训练过程眼光，着眼于努力的成效，而不一定是成果，就可以保持掌控感，因为不论结果如何，都无法剥夺我们对努力过程的体验。

11月20日

你要做头狼吗

"如果你是一匹狼，你愿意做头狼吗？"

"头狼是干吗的？"

"狼是群居动物，且一般都是群体行动。每次行动都会有一个头狼，头狼负责带领狼群行动达成目标，需要有很好的领导力、判断力、临场应变的能力、敏锐的嗅觉和对危险的洞察力。除此以外，头狼还需要具备自我牺牲精神,在狼群受到攻击,遭受困境时,头狼需要能够找到突围的策略,甚至在突围中不惜牺牲自己。"

"天哪,头狼这么难做,还要牺牲自己,谁愿意做头狼呢?"

"如果你是头狼的材料,内在属性恐怕是你无可推诿的召唤。"

11月21日

你的家在哪里

"你的家在哪里?"

"家?你是说一栋住的房子?"

"对啊,不然呢?"

"我在全世界很多地方都有属于我的房子,可我并不觉得那些有房子的地方就是家。"

"那你觉得哪里是家?"

"我也说不好,可能是一座熟悉的城市,可能是一群熟悉的人,也可能是有记忆印记的地方。"

"如果你把一个地方当成家,那个地方一定让你有种属于那里的感觉。"

"嗯,是的,那就是归属感。"

11月22日

没有跨不过去的坎,只有爬不完的坑

"天哪,我又失业了。太难过了!"

"没关系。人生没有过不去的坎。"

"坎的确是可以跨过去的,可是,跨过去就没事了吗?"

"既然跨过去了,还能有什么事?"

俗话说"人生没有跨不过去的坎",这句话是说很多艰难的事在发生的当下,当事人自以为跨不过去,实际上都可以过得去。貌似有道理,但事实说明,**那**

些自以为跨过去的坎都会留下痕迹，比如，心里有无法消解的伤痛，受伤之后的草木皆兵，常会有的过度反应，常会有的怨天尤人，无法生发的感恩之心等。

如果对这些痕迹没有觉察，就会对生活造成很大影响，却不自知。

11月23日

你是否在重复失败的模式

"我终于还是创业失败了。"

"又失败了？"

"是啊，又失败了。不应该的啊！我已经无数次深度思考过这个商业模式，没问题的啊，怎么会失败呢？"

"这个模式你尝试了几次了呢？"

"三次。"

"你打算再尝试吗？"

"在没有找到破绽之前，我不能再尝试了。我已经倾家荡产了。"

每个人都按照自己既定的认知模式、情绪模式和行为模式过自己的生活，直到发生挫败或失败，才不得不承认自己固有的模式有问题。

失败是打破固有模式最好的机会。

在固有模式被打破，并重新建立之前，会经历一段认知失调的时期。

认知失调就是我一直以为是这样，可当下的事实证明并非这样，以此造成在认知上一时无法接受。

11月24日

得到之后就变味

"爸爸，求求你了，我真的很想要这个公主娃娃，她太美了。"

"可是上次你买娃娃之前也是这么说的，后来没过几天就丢到不知哪里去了。"

"妈妈，求求你了，我真的很想要去这所学校，我去了之后一定好好学习。"

"孩子，你已经转了三次学了，每次都是去之前觉得哪里都好，去之后没多久就觉得这里不好、那里不好。"

"我一定要娶到你，娶到你是我今生最重要的任务。只要娶到你，我这辈子就幸福无忧了。"

"你确定吗？我的上个男朋友也是对我这么说的，在一起之后没到半年就劈腿了。"

我们都有过这样的体验，就是很想很想要一件东西，但得到之后，就觉得没那么想要了，甚至觉得索然无味了。

从神经原理角度来讲，得到之前，我们的神经焦点聚焦在这件事物上，所有的精力、情感、努力都围绕这件事物，觉得它就是世界上我最想要的东西。但**一旦得到之后，这件东西就会退出神经焦点，甚至有其他事物进入焦点，这时候，我们对原来那件事物的所有感觉都退化了。**

11月25日
你所失去的一切都会以另外一种形式重新获得

十岁男孩的父亲因病去世,他失去了父亲。

十岁男孩在没有父亲的家庭环境中成长,学会了坚强、勇敢和担当,远超同龄的孩子,并在大学期间专注学习、笃定目标,毕业后没几年,创业成功。父亲的缺失好像化成了一种催人奋进的笃定动力,令他填补缺失。

被家暴的妻子忍气吞声多年,最终被丈夫抛弃,她失去了婚姻。

失去婚姻的女人没有了任何牵绊,重新回到职场,积极努力,奋力拼搏,最终事业有成,找回了自我价值感,也重获了婚姻且美满。

上有老下有小的中年男子被裁员,他失去了赖以生存的工作。

失去工作的中年男人不得不踏出舒适圈,搞起创业，不得不面对不喜欢的社交应酬，不得不动用多年积存的同学人脉关系，可这一切资源好像都已经预备好在那里，就等他着手，一举创业成功，他发挥出了从未有过的潜力。

11月26日
世故与直白你更想要哪个

"老板，刚才你答应王总的事情我们怎么着手呢？"

"王总的事情？嗨，你怎么这么嫩啊，你没听出来我满口的拒绝吗？"

"拒绝？可我听到的却是满口的答应啊！"

"你啊，太天真了。首先，我没收他的礼品，这就是一个信号，要么礼品太轻，要么是在拒绝。他的礼品可不轻啊，国礼茶加两瓶飞天茅台。其次，我只是说方便的时候我去和李总说说，这个方便不方便还不是我们说了算嘛。再次,我也说清了,就算我跟李总打招呼了,人家公司有自己的安排,也不一定就能办这事。"

"哦,原来是这样啊,这下我听明白了,我可真是太直肠子了。如果是我,我就会直白地说,这件事办不了,或者是不方便办。"

世故是指很懂得人情,所以会用很多的刻意让人感觉很舒服或至少不反感的人际互动方式,但这种方式缺少了几分真实感,甚至让人觉得捉摸不定这个人说这句话、做这件事到底是真心还是假意。

直白的人有时候又太直白了,直接把心里话说出来,直接把别人的缺点暴露出来,直接把人与人相处的尴尬暴露出来,让人觉得很不舒服,但你知道这个人是真实的,不需要费心去判断他是真心还是假意。

11月27日
行为艺术到底是个啥

"我在网上看到一位中年女性行为艺术家举办了一场很特别的行为艺术活动,就是她坐在一张桌子的一端,与任何坐在桌子另一端的参与者进行眼神对视,一句话都不说。神奇的是每一位坐在桌子另一端的参与者,最终都以流泪结束对视,而行为艺术家就像一尊雕塑一样坐在那里,什么都不说,什么都没做。"

"你说那些参与者为什么会流泪呢?"

"可能是因为他们从行为艺术家身上反观看见了自己吧。"

"那后来呢?"

"后来,更神奇的是,最后一位参与者是一位男子,这位男子坐在桌子的另一端开始与行为艺术家对视,这位艺术家没多久自己就开始流泪了。后来得知,这位男子曾经是艺术家最爱的人,但阴差阳错,他们因人生际遇彼此错过。"

行为艺术是艺术家以独特的视角展示他对人生理念的诠释，尤其是当这种展示形式具有互动性时。这种诠释可以被观众解读为千万种不同的效应，以此带来内心深处的反映、释放与疗愈。

11月28日
可怜的扶弟姐们

"你弟结婚了吗？"

"还结婚呢，他连自己都照顾不了。前几年败光了我辛苦赚来的两百万，现在又开始在家死宅不出门了，估计又抑郁了，现在正给他找心理医生呢，又是一大笔开销。"

"你弟都多大了啊？你父母都不管的吗？"

"我弟快三十啦，我父母曾经跟我说，现在也跟我说，这个弟弟就是给你生的，你这辈子都要不遗余力把他照顾好，不然你就是失职，你就不配做他姐姐。"

"凭什么要让你这个姐姐负责这个弟弟啊，生儿养儿不是父母的责任吗？"

"唉，没办法，我们生在农村，父母就觉得生儿子是件很荣耀、也很重要的事情，他们没什么本事，我有点能力，就理所当然要承担起照顾弟弟的责任。"

"可你这样照顾他，何时是个尽头呢？再说，这样做，对你弟也不一定好啊，他这样被你照顾，恐怕永远也无法学会为自己负责啊！"

"那我又能怎么办呢？事已至此，我这个姐姐总不能甩手不管吧。"

"你可以做辅助工作，给他提供各种资源条件和选项，让他选。如果要站起来，还得他自己有意识有动力才行啊。如果你能做的都做了，他还是不动，那就要不破不立，切断所有资源和供应，看他活不下去的时候还动不动！"

"他这么多年不动，如果切断所有资源，恐怕他真的会一死百了。如果他死了，我会背上一辈子的骂名。"

11月29日

朋友很多，能说话的没几个

"那天，我想找朋友聊天，结果翻手机电话本从头到尾几千个，居然找不到一个可以说话的人。"

"几千个人找不到一个可以说话的?"

"是啊，找到一个，觉得不合适，他估计比较忙；又找到一个，觉得不合适，估计他可能对闲聊不感兴趣；又找到一个，也觉得不合适，他是个大嘴巴，跟他说的事情，不久身边的人就都知道了；又找到一个，还是觉得不合适，都好久没联系了……"

"你说的情况，好像我也有，能找个说话的人真不容易。"

孤独是一个人的狂欢，狂欢是一群人的孤独。

11月30日

故意加班不回家

"现在陪孩子的时间太少了,孩子的学习和心理出了各种问题。唉,也没办法。上班这么忙,哪有时间陪孩子呢!不上班又不行,总得养家糊口啊!"

"嗯,看来这个是优先次序问题啊,就看你看重哪个。"

"看重也没用啊,都是无奈都是泪啊。不过,儿孙自有儿孙福,就看他们自己的造化了。我看你陪孩子的时间挺多的啊。"

"是啊,不过我也很矛盾,我老婆总是叫我出去赚钱,嫌我不赚钱让她压力那么大。我也想啊,可出去赚钱哪那么容易啊,找一个像你这么好的工作太难了。现在是哪一行都不好干,创业风险更大。其实,我老婆的收入足够我们生活的,我在家带带孩子,做个奶爸要轻松一点。"

"我倒觉得在外工作轻松点,我那个孩子太难带了。说实话,有时候我都是故意加班不回家,一回家就鸡飞狗跳啊。"

我们每天都生活在自我矛盾中,却总要用自欺欺人的方式达成内心的平衡。

12 月

DECEMBER

人生议题

12月1日

你更多做选择题,还是是非题

"今天考试真讨厌。"

"怎么讨厌了,题不会做?"

"我最讨厌选择题了,我有选择困难症。"

"也不都是选择题吧?"

"我最喜欢做是非题,只需要判断对不对就行了,不用费那么多脑细胞,还要看那么多选项哪个对哪个不对,而且每次选择好像都要为之负责一样。我不想要负责,负责太累了。"

很多人生议题也可以分为是非题和选择题两种题型。

是非题指用头脑思考和判断。只做判断,不采取行动。

选择题指用手脚践行你的选择和决定。不但做判断,还有行动。

其实人生只有空想派和行动派两种,并没有中间

地带。

要么没有意识到自己空想太多,要么没有意识到自己行动不够。

12月2日
发现的过程与创造的过程

"爱因斯坦真是太厉害了,发现了那么多宇宙真理。真奇妙!"

"我还是更喜欢爱迪生,一生有那么多项发明创造,给人类生活带来了极大的便利。"

发现的过程和发明的过程,你更喜欢哪一个?

发现的过程是相对被动的,是将已经存在的事物发掘出来。

创造的过程是相对主动的,是将本不存在的事物缔造出来。

生活这件事可以被发现,也可以被创造。

发现的生活就是它被发现的样子，创造的生活可以是你喜欢的样子。

如果你之前以为生活只能被发现，那么今天你知道了生活是可以被创造的。

12月3日

哪个年纪是最好的你，过去的你、现在的你、还是明天的你

如果时光可以倒流，你最愿意回到哪个年纪？十岁？二十岁？三十岁？

你想回到的那个年纪对你来说有怎样特殊的意义？

既然这个年纪的你对你来说有如此重要的意义，那么如何让过去这个年纪的特殊意义可以跨越时空和现在的你整合起来，成为联通的自己、赋能的自己？

如果时光可以穿越到未来，你最愿意跳跃到哪个年龄？三年以后？五年以后？还是十年以后？

你最想跳跃到的年龄对你来说有怎样特殊的意义?

既然那个将来的你对你来说有如此重要的意义,那么如何让将来这个特殊意义和现在的你整合起来,成为联通的自己、赋能的自己?

好了,现在梦醒了。你回不到过去,也去不了将来,你就是现在的你。

你是否感觉到过去的你和将来的你都可以跨越时空,整合在现在的你身上?让过去、现在和将来的自己在时间线上整合、联通、赋能。

12月4日

你失去的任何东西,
都会以另外一种形式回来

"当初离婚的时候,我真是万分痛苦。"

"是啊,我记得你当时觉得找不到自己了。"

"现在我找到自己了,但不是在婚姻中,而是在事业中。"

"失去"这件事常常让人感到消极负面。

但从人的本能角度来讲,"失去"这件事会激发人内心的应对机制,做出相应反应,这种反应机制本能地会对"失去"产生针对性策略。在这种策略驱使之下,行动目标或者是夺回失去的,或者是赢得比失去的更好的东西。

12月5日

人活着到底有什么意义

"我总是在想,人活着到底有什么意义?"

"我觉得活着就是在行动、感觉和思考过程中体验一切。体验的内涵决定我们活着的品质。"

"仅此而已?"

"或许还有更高的含义,但我暂时想不到。"

12月6日

抄袭人生

"今天考试有人作弊，抄袭被抓了。"

"考试抄袭他人试卷好像不被认可，但有一种抄袭是被认可的，你知道是什么吗？"

"什么抄袭还会被认可呢？"

"抄袭人生。"

"抄袭人生？什么意思？"

"就是你看谁的人生好，你就模仿他，让他的人生成为你的人生。抄袭他的努力、他的奋进、他的目标、他的坚韧、他的行动策略和人生态度。"

人不是孤立地活在世界上。身边或看到或听到总有一些人在过着不一样的人生。

每个人都认为自己在过着的是"自己的人生"，但事实是我们的人生在不知不觉中都有一些被"操控"的成分。这里说的"操控"，并非是指坏人的恶意操控，而是在成长经历中一些重要他人不知不觉根植在我们脑海里的一些理念，一直在影响着我们的生活，影响着我们的决定，而这些影响并非我们想要的，这就是无意识被操控。

打破无意识被操控需要训练高度的觉察能力。

当觉察能力高到一定程度后，我们不但可以打破被操控的模式，甚至还可以主动效法或抄袭你认可的人生。

"抄袭人生"是指你对人生发展出了自己的主观判断，并且你发现有人活出了你想要的样子，你想要以他为榜样，活出想要的人生。**本质上，抄袭的人生也是你经过高度觉察、评估和主观判断，经过努力达成自己真正想要的人生的过程。**

12月7日

越缺什么，越给出去什么，至终越获得什么

"这次你真是帮了我的大忙了，真不知道怎么感谢你！"

"不用感谢。是我要感谢你才对。要不是你当年用你仅有的收入救济我,我连活都活不过来,就更不会有我的今天。"

"哎呀,过去的事不用提了。"

"不能不提。当年,我孤身一人带着儿子来投靠你,你养自己的两个孩子都是捉襟见肘,还用每个月的一点点的收入救济我生活费,让我度过了最艰难的日子。你知道吗?我当时很感激,可我心里却想不明白,你自己经济都那么困难,你为什么还来帮我呢?"

"哈哈,我也没想那么多啊,就觉得不能见死不救。"

12月8日

如果你感到时间湍急,你是在担心什么

"哎呀,怎么感觉时间过得太快了。这一年又一年,好像跑着往前走。"

"是啊,时间过得很快。你担心什么吗?"

"我也说不好,就觉得有点慌。"

时间是最好的标记,记录生活,记录成长,记录命运。

时间在客观概念上是相对不变的,但人对时间的快慢感觉却很主观。

有的人觉得时间过得慢,有的人觉得快。

如果你觉得时间过得相当快,就像湍急的河流,那么你在担心在这湍急的时间河流里,要追赶什么?要寻求什么?还是担心遗失什么?错过什么?

凡是模糊的慌张感都需要转换为明确的概念和对象,一旦准确转换了,慌张感就会减轻,心就会安定下来。因为任何一种慌张感的内容和对象都可以拆解。

12月9日

人生际遇的时间顺序

"唉,如果当初我是先遇到你,那我的人生会有多大的不同啊!"

"先遇到我会怎样?"

"我就会为你奔赴啊,就不会经历那么多渣男。"

"可是,如果没有经历过那么多渣男,你会如此看待我吗?"

"怎么看待?"

"珍惜,爱。"

"还真不一定。"

有人说人生际遇对人的影响很大,甚至决定了人的命运。

遇到什么样的人、什么样的事,对我们产生什么样的影响,带来什么样的人生。

还有人说,即便是同样的人生际遇,如果只是把顺序颠倒一下,恐怕也会改变人生轨迹。

后来发现，即便顺序不同，也无法在对的顺序里做对的事情。

重要的不是际遇本身，而是人主观层面对际遇的解读。

12月10日
眼界决定视界，视界决定境界

"古人云，'读万卷书，行万里路'，两个都很重要。但如果非要排一个优先次序，你觉得哪个更重要？"

"我觉得应该是行万里路更重要吧，因为纸上得来终觉浅，亲身体验还是更重要。"

"可是，如果没有读书，就算体验了，会不会也只是走马观花呢？"

"嗯，也是。那就是读书更重要。"

"如果读书更重要，那么是读书先，还是行路先呢？"

眼界决定视界，视界决定境界。

眼界是指眼睛所看、耳朵所听、身体所体验的。

视界是指基于眼界所思考出来的，有了抽象的层次。

境界是指基于体验和思考，并进行身体力行而达到的生命状态。

行路可以开拓眼界，读书可以深化视界。行路和读书相辅相成提升境界。

12月11日

每个人都有自己渲染的人生版本

"人为什么要结婚呢？结婚是我这辈子最后悔的决定。如果有机会重来一次，我一定不会结婚。"

"结婚有那么不好吗？我倒觉得结婚是我这辈子最明智的决定。婚姻让我成为更好的人。"

"人为什么要生孩子呢？养孩子太难了，太麻烦了,有时候太痛苦了。"

"你这样觉得吗?我倒觉得我的孩子拯救了我。如果全世界都让我觉得没有指望,每当看到我的孩子纯真的脸,我就重燃了希望,好像一切的努力都有了意义。"

"人为什么要努力呢?我过往所有的人生经验都在告诉我,努力是没有用的。"

"嗯,我倒觉得,努力不一定有用,但努力一定是有意义的。但我不把努力的效果落在那个不可控的结果上时,我就觉得努力其实在发挥着不一样的功效,比如调动主观能动性,体验克难制胜的成就感,体会努力与积极效应的逻辑认知,探索人无限的潜力。"

人与人之间可以有如此不同的人生际遇,渲染出完全不同的人生版本,以至于对人生可以有完全不同的看法。

你眼中的世界不同于我眼中的世界。

这是一个很多人一辈子都难以承认的事实。

12月12日

快乐的秘诀是爱的能力

"好久不见。你还是那么快乐。你为什么总是那么快乐呢?"

"我也不知道啊,不过我觉得自己确实挺快乐的,尤其是能帮到别人的时候。你最近怎么样?"

"我啊,最大的问题就是快乐不起来。"

"哎哟,这个我可不知道咋帮你。平时我做的那些事都是肉眼可见的,比如帮忙搬家啊,给人做饭啊,照顾病人啊,给经济有困难的人一点救助啊,还真没碰到过这么抽象的需求。要怎么才能快乐呢?"

"我忽然意识到,会不会就是因为你总帮别人才这么快乐的呢?"

心理学研究认为,利他主义是保持快乐最重要的秘诀之一。

很多时候,我们以为我们不快乐是因为没有得到这个或没有得到那个,但其实即使得到了这个或那个也不见得会快乐。

真正让人快乐的是具备爱人的能力,并能实际给予爱。

12月13日
让优越感作为驱动力到底有什么问题

"这次考试考第几啊?"

"考第一啊!"

"嗯,不错!考第一感觉如何?"

"太爽了,就是那种把别人远远甩在后面的感觉。我要成为一骑绝尘般的存在,让所有人都望尘莫及。"

"孩子,你考第一就是为了把别人甩开吗?"

"对啊,不然呢?"

"如果你考第一只是为了把别人甩开,那就和其他人还是一样的。如果要有突破性成就,优越感作为一种驱动力是远远不够的,甚至有时候优越感会成为阻碍。"

我们做事情背后的驱动力常常是优越感,即我比你好,我比你强。有时候表面的假谦卑都省了,赤裸裸地炫富,赤裸裸地攀比,赤裸裸地谈硬件。

谦卑(humility)、荣誉(honor)、牺牲(sacrifice)、英勇(valor)、怜悯(compassion)、诚实(honesty)、公正(justice)和灵性(spirituality)是骑士精神的八大美德。谦卑排在第一位。

谦卑不是给人看的,而是一种内在的修炼和生命的丰盈!

12月14日
环境影响与个人定力

"现在公立学校竞争压力太大,学校和老师都很'鸡血',我真担心孩子在这个环境下会承受不了。"

"不只是公立学校啊,其实私立学校、国际学校是一样的。孩子不是早晚要面对现实社会的压力吗?"

"可孩子还小啊,这么小就让他承受那么大的压力,怎么承受得住呢?"

"多小算小,多大算大呢?"

环境影响人,这是毋庸置疑的事实。担心环境对人造成负面影响,也是可以理解的。

如果我们始终无法摆脱环境的影响,那么如何权衡环境与个人之间的张力?

一个人在年龄尚小、不谙世事的时候,需要在相对安全的环境下学习压力承受能力、是非分辨能力和问题处理能力等,概括来说就是三观和自我的问题。等到建立较好的三观和自我认识之后再投入现实的社会环境中体会、体验,在实践中反复校正,逐渐形成与环境互动的平衡态,既可以适应环境,又可以保持真我。

12月15日

你人生最后悔的事是什么

"你人生最后悔的事是什么?"

"嗯……这个很难说。有很多后悔的事情。不知道哪个是最后悔的。"

"不管哪件事,大概觉得为什么会后悔?"

"后悔是因为觉得自己不该那样做,不该那样说,不该那样选择。"

"那样说、那样做、那样选择的后果严重吗?"

"严重。有时候,很严重。"

"如果后果很严重,那么这些后悔的事有重复上演吗?"

"……"

你是如何让人生最后悔的事反复上演的?

是因为即便后果如此严重,即便如此后悔,都无法在头脑中引起足够的重视,积极地想方设法规避再次发生?是因为贪恋着这件后悔的事中那些隐秘的快乐，不想改变或规避？是因为缺乏复盘思维，不知道该如何规避？是因为在某个层面或视角，其实你也许认同这件后悔的事？还是因为无力抵抗，已经破罐破摔？还是因为这件事已经成瘾，完全失控无法自拔？

12月16日

机会可以是陷阱，危机可以是机遇

"这是个投资的绝好机会，你还不出手吗？"

"我总觉得机会越好，越有风险。"

"很快就要有经济危机了，很多人都很恐慌。你不慌吗？"

"每个危机都可以找到机遇。"

每个机会也都可能是陷阱，因为机会本身看上去很好，但有可能这些好处让人的思维变得不理性，或变得冲动，或对风险估计不足，或过于乐观等。

每次陷入危机，在破解危机的过程中都可能有机会展示不曾展示过的能力，比如承受压力的能力、换位思考的能力、破釜沉舟的能力、跳出常规思维的能力等。

每个机会都是陷阱，每个危机都是机遇。

12月17日
失败只是验证了无效的解决方案而已

"最近项目进展如何？"

"很顺利，我们成功验证了一个无效的解决方案。"

12月18日
过去和未来都不是梦

"你说我当初要是选择考研多好，就不用遭老板这么多罪受！"

"你怎么总是和过去过不去呢?"

"和过去过不去?嗯,有意思,有道理。"

每个人都有过去、有现在、有将来。

在时间线上如果可以联通过去的、现在的和将来的自己,而且没有任何冲突、卡点和不适应,那么这样一个联通的自己就是最好的状态。不悔过往,立足现在,不畏将来。

但如果联不通,有各种各样的卡点,那就意味着这些卡点在拦阻自己在时间线上的整合,会以某种不适应形式甚至病症形式表现出来。

12月19日

创建有意义的关系

"托尔斯泰说,生命真正重要的是创建有意义的关系。你说,什么是有意义的关系呢?"

"有意义的关系?每个人对关系的意义有不同的看

法吧。有些人三五好友喝个小酒就挺有意义的，可以纾解压力。有些人觉得心与心的沟通交流是有意义的，可以真正看见、懂得彼此，疗愈内心。"

"嗯，是啊，你这样说给了我一点启发。其实，在关系中可以坦诚相见、坦诚相待很重要，如果再可以彼此接纳，带给彼此成长的契机就更好。"

12月20日
一盆水两个人

一盆水两个人，一个脸脏，一个脸干净，谁会去洗脸？

脸脏的人会去洗脸，是逻辑学。

脸干净的人会去洗脸，是心理学。

先脸干净的人去洗脸，再脸脏的人去洗脸，是经济学。

不知道两个人谁会去洗脸，是哲学。

12月21日
我想做什么就做什么

"你们不要再管我了,我已经十八岁成年了,我要我的自由。"

"你以为想做什么就做什么就是自由了吗?"

"当然啦,这么多年,你们天天管我,事事管我,这也不行,那也不行,我真受够你们了。"

"虽然我不知道自由是不是想做什么就做什么,但我知道有些事情一旦深陷进去了,就欲罢不能了。"

有些事情看似无害,实则非常具有辖制性,比如玩游戏、刷视频、吸烟、喝酒、赌博和性行为等,一旦深陷进去,就是想不做,却做不到,这并不是自由。

自由在一定意义上来说,是想做一些事就能做起来,比如学习、工作、健身等,**想不做一些事就可以做到节制**,比如吸烟、饮酒、赌博等。

12月22日
我找到自己了

"有时候我觉得自己活得迷迷糊糊、浑浑噩噩的,也不知道自己想要什么,也不知道自己能做什么,感觉好像找不到自己了。"

"三年前,我也常有你说的这种感觉,直到有一天,我参加一个讲座,是一位有名的心理医生,他讲了一个青少年自杀的案例。那位医生提到了自杀危机干预最有效的方法不是说教,不是劝诫,不是虚假的承诺,而是真正走进孩子的内心,与他的想法同频共振,就算他的想法是自杀想法,也要同频共振,因为只要同频共振了,就会在孩子的内心生发奇妙的力量,带他走出困境。这个讲座当时强烈震撼了我的内心,让我意识到心理学的思维和语言如此有魅力和魔力,甚至可以救人于水火之中,太震撼了,从那以后,我就决定余生从事心理学的学习和工作。"

如果在人生的某个时刻，你的内心似乎在一瞬间被触动和触发，很可能是因为那一刻，你找到了自己。

12月23日
无法得到想要的东西是因为不知道真正想要什么

有人想要钱，因为有钱就可以买大房子，有了大房子就可以邀请亲朋好友来家里玩，也顺便看看自己有多成功。可是人去楼空、人走茶凉之后，只剩一片空虚。

有人说想要找高富帅、白富美，谈一场轰轰烈烈的恋爱，一切想象都很美好。可是如果对方不忠诚，常常拈花惹草，却会让人心神不宁，无法安心。

有人说希望自己可以有"躺平"的资本，整天在家躺着刷手机，想想多惬意自在。可是等到真的有了躺平的资本，真的躺平生活一段时间，也觉得无聊空虚寂寞冷，反而开始想要一点人气、一点热情、一点意义感、一点活着的感觉。

其实，我们并不真正知道自己想要什么。

所有想象的"想要"，等到得到之后，都会觉得好像这并非所想，而是错觉。

之所以是"错觉"就在于，我们误认为"拥有"一个结果会带给我们快乐、幸福和满足，**其实"拥有"始终不关乎可见的结果，而是关乎不可见的过程。**

12月24日

静态眼光与动态发展眼光

"就算我锻炼身体那又怎么样，我就不抑郁了吗？"

"就算我考上大学那又怎么样，人生就突然有意义了吗？"

"就算我赚了一百万那又怎么样，我从此就不痛苦了吗？"

"就算我找到了一个好人结婚了那又怎么样，我从此就幸福了吗？"

这些表达背后都存在一个认知特点，就是用此时此刻当下境况下的眼光跳跃到未来某个场景或时间点去想象一个结果，然后以此时此刻的思维和眼光去看待那个未来的场景，从而得出结论，说"那又怎么样"，这种眼光就是"静态眼光"。

这种静态思维和眼光得出的结论缺失过程体验。

过程体验是指在此时此刻虽然我的状态是如此，但如果我从这个点开始，朝向一个目标开始努力，并在努力的过程中体验克难制胜的成功经验，让每次积极的体验在大脑的神经系统里留下印记，直到达成目标，到了那个时间点上再回头看这一路走来的心路历程，会发现自己的心态发生了奇妙的变化，会重新界定什么是人生、什么是生活、什么是奋斗、什么是艰难、什么是克难制胜、什么是成就感、什么是效能感、什么是价值感、什么是意义。

如果在此时此刻就相信到了那一刻，思维和想法会不一样，那么这就是动态发展眼光。

12月25日

追求卓越，但不以卓越自恃

"你总是那么忙！"

"是啊，有很多事情要做！"

"你为什么要这么努力呢？是想追求卓越吗？"

"我并没有把卓越当成一个明确的目标去追求，只是觉得有很多感兴趣的事情要做而已。"

"在不知不觉中就成就了卓越。"

"其实，是否卓越我也没有那么在意，因为卓越所体现的是与他人比较下的一种优越，而我并没有和谁比较，只是追随内心的引领和召唤。至于是不是比他人好，比他人强，都不重要。"

12月26日
其实，时间不是线性的

"你说时间是线性的吗？"

"什么叫线性的？"

"线性的就是匀速运行，过去、现在、将来对你来说都有等同的影响力。"

"应该是的吧。"

"其实不是。我们对过去的解读和对未来的眺望都可以对现在、此时此刻的你产生附加的影响，以至于改变你的人生轨迹。"

"嗯，有点启发，你是说，我们可以从过去不断汲取经验，可以从将来不断汲取动力，让现在的自己过得不一样。"

12月27日
所有的拥有都是误解

有人说"我拥有一栋房子",但其实,那只是暂时拥有,产权有七十年的限定,离世的时候也带不走。

有人说"我拥有一份好工作",但其实,十年之后,你所在的公司和行业都可能不复存在。

有人说"我拥有一份美好的关系",但其实,这份美好的关系经过世事变迁可能会名存实亡。

有人说"我拥有一个孩子",但其实,那也只是暂时拥有,甚至从未真正拥有,因为孩子不是附属品。

所有的拥有都是误解,唯有一世的经历。

经历所留下的印记是长存的,不在意识里,也在记忆里,不在记忆里,也在生命里。

12月28日

臣服，而非屈从

"这他×的苦日子，太他×压抑了，天天要你下跪，不但要跪，还要舔。这他×跪舔的日子我是受够了。"

"确实不容易。我也曾有此感。"

"曾有？现在没有啦？"

"没有啦。"

"那你是怎么做到的呢？把主子给踹了？"

"简单说，就是把屈从变成臣服。"

屈从是指本意上并不想顺从，但出于各种因素考量，不情愿地顺从，同时伴有各种不良感受，如委屈、无奈，甚至愤怒、怨恨。这些认知和情绪极大阻碍了理性和潜能的发挥。

很多人习惯式屈从，却不自知。有些人屈从而自知，但觉得是没办法的事，不得不这样做。只有少数人屈从而自知，且知道有其他选择，并勇敢做出改变，打破屈从。

臣服也有服从的意思，但是经过理性思考，抓住屈从情境中的积极逻辑点加以利用，认定这个看似被强加的外力，其实是有契机可循的，因而完全甘心情愿地、发自内心地、不带半点不情愿地拥抱这个主意、观点、决定和方向，全力以赴，带来超出想象的效果，并在此效果基础上不断合理地拓展自己可掌控的自由空间。

12月29日
时间线上联通过去、现在和将来的自己

当你看自己过去的老照片会有什么感觉？
是失望？是痛苦？想逃避过去的冲动？
还是怀念？是快乐？想回到过去的冲动？

如果是前者，说明你和过去的自己有某种隔阂还没有打破，你对过去的自己有某种排斥心理，不接纳过去的自己，不想看见过去的自己。这种隔阂看上去

好像对现在没有什么影响，实际上对现在的思维模式、情绪模式和行为模式都有潜移默化的影响。

当你被问及五年、十年以后的自己会是什么样？
你是欢喜快乐地畅想将来的自己？
还是不自觉回避，不想对将来的自己有任何的设想？

如果是前者，说明你想要与将来的自己联结，对将来有好奇、有憧憬；如果是后者，则说明你对将来抱有焦虑、不确定感，甚至是恐惧，不敢想将来。

照片、视频、日记等都是标记自己生命状态的可视化标记。可回顾过去，可眺望将来。

让现在的自己和过去、未来的自己联结、互通，至终达成过去、现在和将来的联通，实现自己在时间线上的通透。

12月30日

人最大的错误就是相信自己有能力做到任何事

"你总是很有自信的样子。"

"当然,不自信什么事情都做不了。"

"可是我的自信常常带来失败。"

"人最大的错误就是相信自己有能力做到任何事。"

"你刚刚不是说没自信,什么事情都做不了吗?现在怎么说,最大的错误就是自信呢?"

"你好像混淆了自信和自负的区别。"

12月31日

我不想长大

"马上就大学毕业了,终于要面对长大的问题了。"

"你不想长大?"

"是的，没毕业，还可以把自己当孩子，还可以任性，还可以不负责任。一旦毕业，很多事情都不一样了。"

"长大对你来说意味着什么？"

"长大意味着负责任，意味着收起任性，意味着不再享受孩子的特权。"

"听上去好像都是负面消极的反应。长大是否也意味着更多的自由呢？"

人在不同年龄段会有不同角色。

0—6岁是学龄前儿童阶段，7—12岁是小学阶段，13—18岁是青春期，18—22岁是大学阶段，23岁以后就是社会人阶段，有些人会在30岁左右结婚生子，成为父母，40岁左右开始进入上有老、下有小的双重压力阶段，50岁开始体会身体健康逐步下滑的衰老过程，60岁以后开始体会退休阶段。

人生每个阶段都有特定的角色及相应的角色任务，需要刻意调适不同角色之间的过渡和转换，否则就可

能出现角色失调问题,即要么过多停留在上一个阶段,无法成长和进展,要么过早进入下一个阶段,承受过多压力而焦虑。

结　语

快要完成书稿的那几天，我忽然有一种幻灭感强烈袭来。

就开始动用自己强大的自我觉察能力在内心探索，这种幻灭感到底从何而来。

探测结果是：该书中很多内容在打破人们通常做事的动机模式。虽然这些背后的动机模式有很多不合理之处、很多荒唐荒谬之点、很多误解和错觉之嫌，但它们就是维持日常生活的动力，俗称"烟火气"。当我把自己的烟火气极尽理性之能事打破之后，内心没有及时被更高级的认知和信念填充，就会有中间态的幻灭感（disillusionment）。

接下来，我有两种选择，一是回归烟火气，二是寻找和填充更高级的认知和信念。

我选择后者。

而且，我相信我已经找到了。

但是，要把新的信念体会完全填充应用在实际生活中，需要一个过程。

本书写作的过程，是觉察自己的过程，发现内在隐秘的动机和情愫，也是觉察生活的过程，虚妄的泡沫光环到处都是。

有时候，也在想，活得简单一点不好吗？

其实，简单点，挺好的。

可是，我已有托付在身，内在的召唤无可推诿，身不由己。

按照召唤生活，并最大限度承兑召唤，即便痛苦，也值得！

鸣 谢

首先感谢上天所赐恩典，让我以很特别的方式撰写这本书，给需要的人带来帮助。

始终感谢我的太太，在撰写过程中的默默支持和祈祷。

感谢两个孩子，在抚养和教养他们的过程中，积累了很多素材用在这本书中，也希望这本书可以伴随他们成长的过程。

感谢上海社会科学院出版社的大力支持，感谢责任编辑所做的工作。

感谢每位读者用心阅读，期待你们的反馈。

图书在版编目(CIP)数据

发现:每天一分钟生活心理学 / 孙欣羊著.
上海:上海社会科学院出版社,2025. -- ISBN 978-7
-5520-4767-7

I. B84-49

中国国家版本馆 CIP 数据核字第 2025HA4275 号

发现:每天一分钟生活心理学 | **策划编辑**:黄婧昉　　**装帧设计**:橄榄树

孙欣羊 著 | **责任编辑**:赵秋蕙

出版发行:上海社会科学院出版社
　　　　　　上海顺昌路 622 号(200025) 021-63315947(总机) 021-53063735(销售)
　　　　　　https://cbs.sass.org.cn　　　　E-mail:sassp@sassp.cn

印　刷	上海万卷印刷股份有限公司	排　版	南京理工出版信息技术有限公司
开　本	787 毫米 x1092 毫米 1/32	印　张	15.75
字　数	217 千		
版　次	2025 年 6 月第 1 版　2025 年 6 月第 1 次印刷		

ISBN 978-7-5520-4767-7/B · 552　　　定　价:68.00 元

版权所有 翻印必究